책(册)은 마음의 선물입니다.
책을 선물하는 당신, 당신은 아름답습니다.
당신의 따뜻한 마음을
소중한 그 분에게 전하세요. *^^*

From ___________________

To ___________________

우리 아이에게 꼭! 알려주고 싶은

대한민국

우리 아이에게 꼭! 알려주고 싶은 대한민국

초판1쇄 인쇄 | 2011년 11월 1일
초판1쇄 발행 | 2011년 11월 8일

출판등록 번호 | 제 2006-38호
출판등록 일자 | 2006년 8월 1일
사업자등록 번호 | 206-92-86713

ISBN | 978-89-94716-02-2 03980

주소 | 138-873 서울특별시 송파구 풍납동 484-12 1층
전화 | (02) 2294-9105
팩스 | (02) 2295-6103

홈페이지 | www.MorningBooks.co.kr
Email | morning@morningbooks.co.kr

지은이 | 백종수

펴낸곳 | 아침풍경
펴낸이 | 김성규

편집디자인 | 디자인크레타
표지디자인 | 디자인크레타

Published by AchimPoongKyung Co., Ltd. Printed in Korea

우리 아이에게
꼭! 알려주고 싶은
대한민국

머리말

사진을 찍다보니 여행은 덤으로 얻는 행운과도 같습니다. 그러나 시간이 지날수록 여행이 주가 되고 사진이 덤이 되어버렸습니다. 사진을 찍기 위해 여행을 가는 것이 아니라, 여행 속에서 사진이라는 결과물을 얻는 것이 되어버린 것이죠. 처음 사진을 찍을 당시에는 서울 시내 또는 근교를 자주 찾아다녔고, 때때로 1박2일 일정으로 떠나기도 했습니다. 그러나 지금은 3박4일은 떠나야 여행을 갔다 왔다는 기분이 들 정도로 여행은 이미 제 생활의 일부가 되어버렸습니다. 그렇게 10년 동안 전국을 돌아다녔어도 아직 가보지 못한 곳이 너무 많이 남아있습니다. 몇 년 전부터는 아예 한 지역을 1~2년의 시간을 두고 사진에 담는 작업도 시작하였습니다. 대한민국의 풀 한포기 나무 한 그루도 빠짐없이 사진에 담고 싶은 욕심이 생겼기 때문입니다.

그렇게 대한민국 구석구석을 누비며 사진을 찍어오면서, 제가 느낀 것들을 자라는 아이들에게 알려주고 싶다는 욕심도 생겼습니다. 사진을 찍는 것에 그치지 않고 사진과 여행지를 소개하는 글을 쓰고 싶었습니다. 국내의 잘 알려진 명소와 맛집을 소개하는 평범하고 일반적인 여행기가 아니라, 아이들을 위한 작은 지침이 될 수 있는 그런 여행기를 남기고 싶었습니다. 그것은 아름다운 대한민국 금수강산을 알려주는 것으로 시작하여 찬란한 문화와 역사에 대한 자긍심을 갖게 하고, 자연과 교감하는 감성을 느낄 수 있는 여행, 더불어 여행지에서 보고 느끼는 지금까지와는 다른 사회 구성원으로서의 책임과 역할을 담아 아이들이 직접 보고 생각할 수 있도록 해주고 싶었습니다. 하지만 아이들이 직접 여행을 떠날 수는 없기 때문에 부모와 아이가 함께 떠날 수 있는 여행지에서 그 의미가 한층 살아 날 수 있는 곳들을 찾아보았습니다. 부모를 위한 여행이 아닌, 아이들의 학교 숙제를 위한 의무적인 여행이 아닌 참다운 여행을 느끼도록 말입니다. 이러한 여행에서 아이들 스스로가 생각하며 무엇인가를 느낄 수 있는 기회를 만들어 주는 것이 그 무엇보다 중요할 것이라 생각합니다.

사진을 찍는 저에게 여행은 감성이라는 선물을 늘 선사해 줍니다. 그것은 사진을 찍고, 그 사진을 보는 이에게 공감을 불러오는데 많은 도움이 됩니다. 감성은 사람을 나약하게 만드는 것이 아니라, 내적인 안정감을 만들어줍니다. 현대사회는 점점 개인화되어 가고, 자신 외의 다른 사람에 대한 배려는 사라져 가고 있으며, 사회 구성원들 간의 경쟁은 점점 심해져 가고 있습니다. 만일 사회에 감성이 존재하지 않는다면, 우리 아이들을 기계화된 사회의 부품으로 끼워 맞추는 것과 같을 것입니다. 여행은 자연과 교감을 만들어 주며, 자라나는 아이들에게는 그 속에서 느낄 수 있는 감성을 만들어 줄 것입니다. 더욱이 이제 막 감성이 싹트기 시작한 아이들에게는 부모의 이런 역할이 매우 중요하리라 생각합니다. 그런 부모의 입장에서 아이와 공감대를 형성하고 소통할 수 있는 여행지 21 곳을 이 책에 담아보았습니다.

각 여행지마다 부제를 두어, 여행지에서 어떠한 생각을 할 수 있는지, 어떠한 생각으로 다가서야 하는지를 넌지시 제시하였습니다. 또한 단순히 특정 여행지를 소개하는 것은 지양하고 아이들 스스로가 무엇인가를 얻을 수 있도록 부모의 역할로 대신하였습니다. 이견이 있는 역사적인 일에 대해서는 양쪽의 의견을 모두 실어 아이들이 판단할 수 있는 기회를 만들어 주고자 했으며, 부모들이 잘못 알고 있는 역사는 지금까지 규명된 사실로 바로 잡아 설명했습니다. 또한 아이를 위한 여행인 만큼 여행지마다 아이에게 의미 있는 기억으로 남을 수 있는 거리를 중심으로 서술하였습니다. 아무쪼록 저와 더불어 아이를 키우는 많은 부모들이 이 책을 통해 소중하고 아름다운 대한민국을 아이들에게 제대로 알려줄 수 있는 길이 되기를 간절히 바랍니다.

2011. 가을 백종수

저자 사이트 소개

대한민국 구석구석 찾기 프로젝트 페이스북 페이지

http://www.gusukgusuk.co.kr

저자가 대한민국 구석구석을 여행하면서 찍은 사진과 글을 페이스북으로 공유하는 페이지입니다.

웹페이지

모바일페이지

디지털디자인 http://www.ddcom.co.kr

저자가 관리하는 네이버 블로그로 사진과 디자인에 관련된 글을 포스팅하고 있습니다. 특히, 저자가 사진을 찍으며 여행한 곳의 사진과 글들이 주로 포스팅됩니다.

디지털사진강좌 http://www.jusanji.com

저자가 운영하는 네이버 카페로 디지털사진 강좌를 진행하는 곳입니다.

주산지 갤러리 http://www.jusanji.co.kr

저자의 사진을 온라인으로 전시해 놓은 네이버 갤러리입니다.

책의 구성

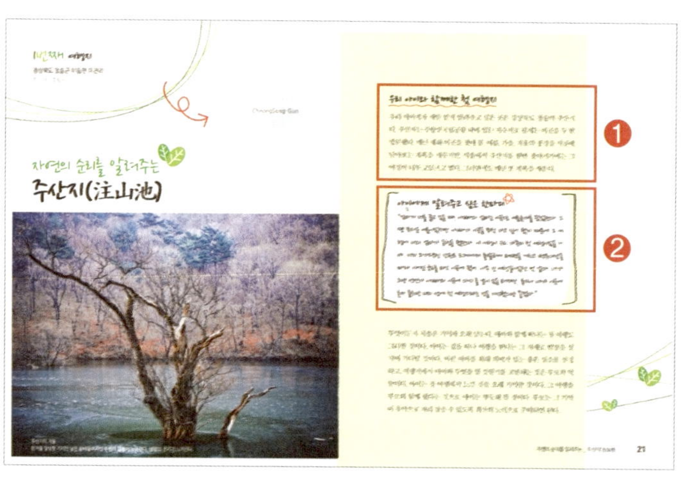

❶ 본문 : 여행지에 대해서 소개합니다.

❷ [ ] 글 : 아빠가 아이에게 들려주고 싶은 말

❸ 색글씨 : 여행지의 세부적인 특징 및 역사적인 사실을 설명합니다.

❹ 스마트폰으로 주산지 찾아가기 : 스마트폰의 QR코드 어플을 이용하여
스캔하면, 여행지에 대한 더 자세한 설명과 위치 등을 확인할 수 있습니다.

목차

목 차

목차

경상북도 청송군 부동면 이전리

주산지 | 주왕산

자연의 순리를 알려주는
주산지(注山池)

CheongSong-Gun

주산지의 겨울
한겨울 앙상한 가지만 남은 왕버들이지만 주변의 얼음이 녹아있다. 생명의 온기가 느껴진다.

우리 아이와 함께한 첫 여행지

우리 아이에게 제일 먼저 알려주고 싶은 곳은 경상북도 청송의 주산지다. 주산지는 주왕산국립공원 내에 있는 저수지로 필자는 이곳을 두 번 방문했다. 매년 새해 이곳을 찾아 봄, 여름, 가을, 겨울의 풍경을 사진에 담아보는 계획을 세우지만, 서울에서 주산지를 한번 찾아가기에는 그 여정이 너무 고달프고 멀다. 그러면서도 매년 또 계획을 세운다.

무엇이든지 처음은 기억에 오래 남는다. 아이와 함께 떠나는 첫 여행도 그러할 것이다. 아이는 집을 떠나 여행을 한다는 그 자체로 밤잠을 설치며 기다릴 것이다. 이런 아이를 위해 의미가 있는 좋은 장소를 선정하고, 여행지에서 아이와 무엇을 할 것인지를 고민하는 것은 부모의 역할이다. 아이는 첫 여행에서 느낀 것을 오래 기억할 것이다. 그 여행을 부모와 함께 했다는 것으로 아이는 뿌듯해 할 것이다. 부모는 그 기억이 추억으로 자리 잡을 수 있도록 최선의 노력으로 준비하면 된다.

필자가 주산지에 애착을 가지기 시작한 것이 언제부터인지 정확히 모르겠으나, 사진에 관심을 가지기 시작한 때부터일 것이다. 그때부터 주산지(www.jusanji.co.kr)라는 온라인 개인 갤러리를 운영하기 시작했고, 포털사이트의 닉네임도 '주산지'로 사용하기 시작했다. 필자의 이런 애착은 오래 전에 보았던 주산지 사진 한 장 때문이었다. 그 사진을 보면서 사람의 손길이 닿지 않아 있는 그대로의 자연을 간직하고 있는 곳, 대한민국의 풍경이라 생각하기엔 낯설면서 한국의 자연이 간직하고 있는 풍경을 자아내는 그런 곳, 새벽 물안개가 살포시 피어오는 수면의 신비스러움을 간직한 곳, 그 안에 수 백 년의 세월을 인고의 시간 속에서 자라온 왕버들의 위엄함이 있는 곳이 주산지라는 것을 알았다. 이러한 이유 때문에 꽤 많은 사진작가들이 주산지의 비경을 담고자 이곳을 방문하는 지도 모르겠다.

주산지의 여름
한여름임에도 불구하고 왕버들의 가지에는 잎이 거의 피지 않고 앙상한 나뭇가지만 드러내고 있다.
그 수명이 다한 것일까? 아니면 인간의 이기심이 그렇게 만든 것일까?

주산지는 주왕산에 있는 저수지

주산지는 주왕산국립공원(부동면 하의리, 해발 720.6m) 내에 있다. 주왕산은 설악산, 월출산과 더불어 국내 3대 암산이다. 주왕산은 태백산맥의 지맥으로 당나라의 주왕이 숨어 살았다고 해서 주왕산으로 불린다. 주산지는 주왕산 입구에서 남쪽에 위치한 인공으로 조성된 저수지로 주왕산의 '주' 자와 '산' 자를 따 주산지라 부른다. 이곳의 유래는 이렇다.

    우리 아이에게 꼭! 알려주고 싶은 대한민국

주산지는 농업용수를 확보하기 위해 1720년 조선 경종원년에 쌓기 시작하여 이듬해 1721년 10월에 완공된 길이 100m, 너비 50m, 수심 8m의 저수지이다. 약 290년의 세월을 견뎌오며 한 번도 저수지의 바닥을 드러낸 적이 없다고 한다. 이곳에는 수령이 150년 이상 된 30여 그루의 왕버들 고목이 물속에 잠겨 자생하고 있다. 왕버들은 국내 자생하고 있는 버드나무 중에 가장 으뜸으로 꼽히는 것으로 이곳 주산지의 풍경과 잘 어우러지는 자태를 품고 있다. 왕버들이 물속에서 자생할 수 있었던 것은 수변 인근에 뿌리를 둔 탓으로 물이 많은 여름에는 물에 잠기고, 물이 부족한 겨울에는 그 뿌리를 드러내기 때문이다.

영화와 CF로 유명세를 타다

주산지는 김기덕 감독의 영화「봄, 여름, 가을, 겨울 그리고 봄(2003)」과 임권택 감독이 출연한 삼성전자 PAVV TV CF 광고(2005), 고소영 주연의 드라마「푸른 물고기(2007)」의 촬영지로도 유명하다. 특히「봄, 여름, 가을, 겨울 그리고 봄」에서는 주산지의 아름다운 사계를 담고 있다. 주산지를 담장삼아 수면 위에 떠있는 작은 절 그리고 수변에 세워진 문. 사계절에 따라 변하는 주변의 풍경이 이 영화의 주제인 윤회와 매우 잘 어우러진다. 이 영화는 제41회 대종상영화제 대상인 최우수작품상, 2003 청룡영화상 최우수작품상을 수상했다. 영화에서 사용한 수면 위의 절 세트는 현재 환경보호 차원에서 철거되고, 강원도 용평리조트 내로 옮겨 전시하고 있다.

이렇게 주산지가 매체를 통해 예전에 비해 유명해지다보니 이곳의 비경을 담고자 하는 사진작가뿐만 아니라, 일반 관광객의 수도 많이 늘어났다. 주산지 앞까지 차로 올라가던 길은 더 이상 올라갈 수 없고, 대신 3km 아래 새로 생긴 주차장에 차를 놓고 걸어 올라가야 한다. 주변에는 음식점과 숙박업소들이 늘어났다. 그만큼 인간의 손때가 덜 묻은 주산지가 이제는 조금씩 병들어 가고 있는 셈이다.

그래서 필자는 개인 갤러리인 주산지(www.jusanji.co.kr)를 통해 주산지를 알리려고 했던 계획을 그만두었다. 이 글을 읽는 독자들에게 주산지의 보호를 당부하고 싶다.

영화 「봄, 여름, 가을, 겨울 그리고 봄」의 촬영기념비 주산지 입구 주차장에 세워져 있다.

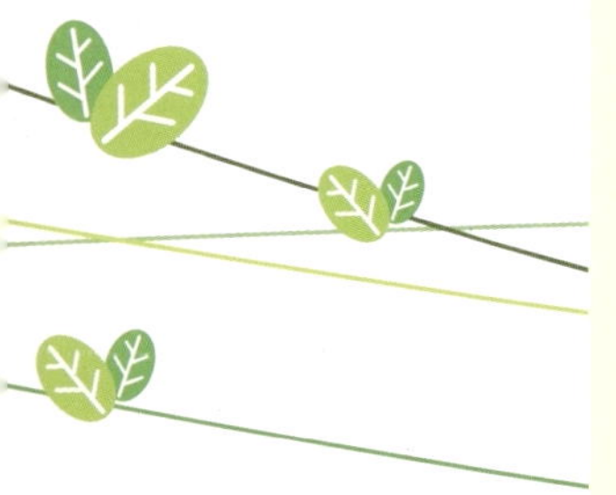

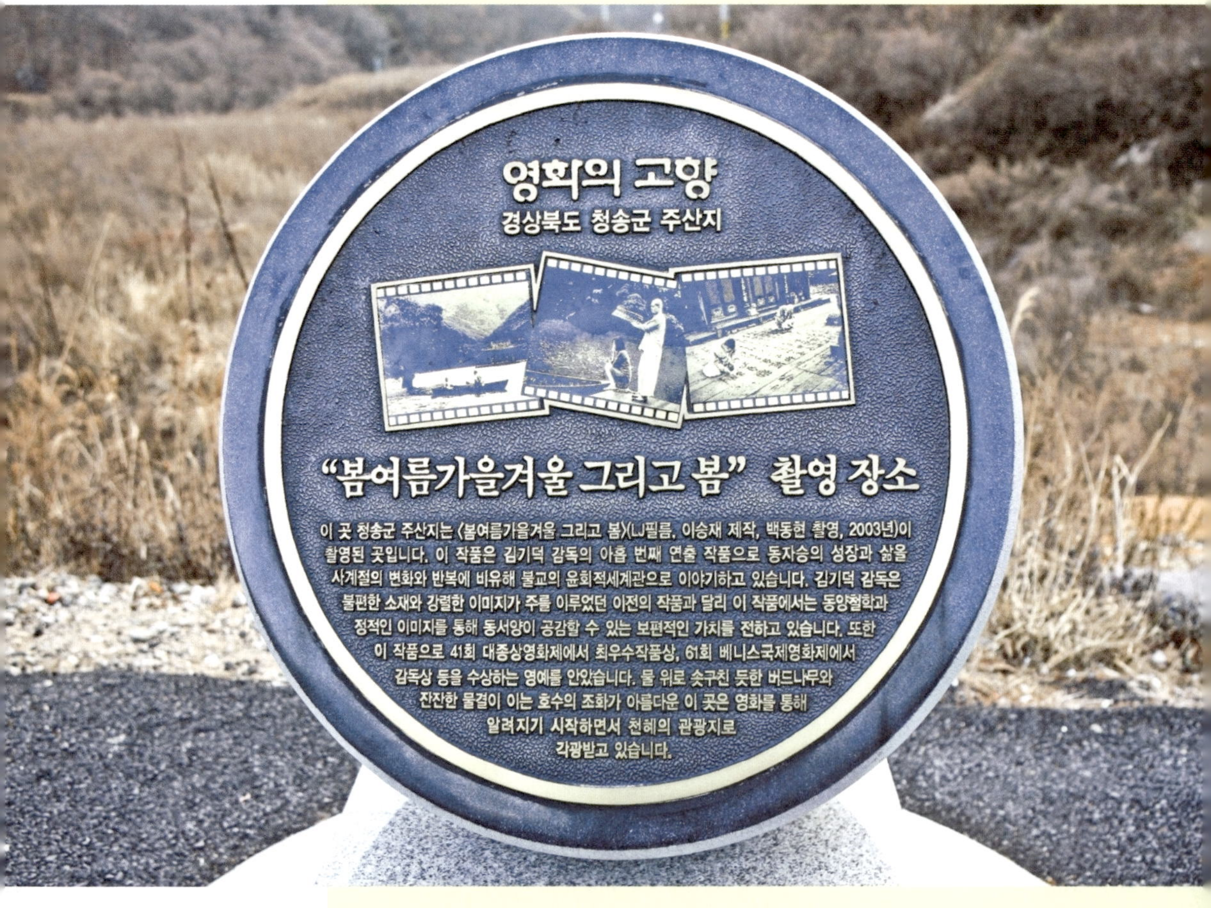

주산지는 예전에 비해 많이 훼손되었다. 왕버들을 관람하기 위한 수변 샛길 산책로는 폐쇄되었고 수변으로 내려가지 않고 왕버들을 조망할 수 있는 조망대가 새로 생겼다. 필자가 감명을 받았던 기억 속의 그 사진은 앞으로 더 이상 찍을 수 없을지도 모른다.

아이에게 알려주고 싶은 한마디

"주산지에 가기 전에 이곳을 배경으로 한 영화 「봄 여름 가을 겨울 그리고, 봄」을 아이와 함께 꼭 보고 갔으면 한다. 15세 이상 관람가이기 때문에 아이가 너무 어리다면 부모가 영화를 보고 줄거리를 아이에게 이야기 해줘도 상관없다. 이 영화에서는 주산지의 아름다운 사계를 시각적으로 잘 담고 있다. 또한 사회를 구성하는 사람들이 어떤 마음으로 살아가야 하는지를 불교의 윤회 사상을 통해 전달해주고 있다. 이 영화를 통해 자연의 순리를 이해하고 그것을 지키며 살아가는 방법이 무엇인지를 알려주는 것도 뜻 깊은 여행이 될 것이다. 더불어 너무 급하게 살아가려고 애쓰기보다는 일 년이란 시간 동안 사계절이 서서히 바뀌듯이 시간을 기다리는 여유를 가지고 살아가는 것도 이야기해주면 좋겠다."

주왕산에 들르다

주왕산은 대한민국 국립공원이자 산림청 선정 100대 명산으로 경북의 청송군과 영덕군 지역에 걸쳐져 있으며 1976년 국립공원으로 지정된 태백산맥의 남단에 있는 높이 720.6m의 산이다. 그리 높지는 않지만 주로 기암석으로 이루어진 주왕산은 석병산(石屛山) 또는 주방산(周房山)이라 불린다. 석병산은 기암석이 병풍처럼 둘러져 있다고 해서 지어진 이름이고, 주방산은 신라의 왕족 김주원이 수도를 했던 산이라고 해서 지어진 이름이다. 지금의 주왕산은 중국 진나라의 주왕이 이곳에 피신해 와서 진나라의 회복을 도모했다고 해서 그의 이름을 빌려 지은 이름이다. 그렇기 때문에 주왕산의 산봉우리, 암굴 등 여러 지명마다 주왕의 전설을 담고 있다.

주왕내기(周王內記)에 의하면, 주왕은 중국 당나라 시대의 주씨 왕손인 주도(周鍍)라는 사람이다. 그는 지방의 강력한 세력으로 성장하자 스스로 후주천왕(後周天王)이라 칭하고 군사를 일으켜 당나라에 쳐들어갔다가 크게 패하였다. 그를 따르는 세력과 함께 신라로 건너와 이곳 주왕산에 숨어들었다. 당나라에서는 주왕이 주왕산에 숨은 것을 알아내고 신라에 주왕을 없애달라고 부탁하였다. 신라는 마일성 장군과 그의 오형제를 보내 주왕과 그의 세력들과 전투를 벌였고 주왕은 주왕굴에 숨어 있다가 최후를 맞이했다고 한다. 그 후로 이 산의 이름을 주왕산이라 불렀으며, 산 입구에 있는 절은 주왕의 아들 대전도군(大典道君)의 이름을 따서 대전사라 하였다고 한다.

  우리 아이에게 꼭! 알려주고 싶은 대한민국

주왕산국립공원 진입로에서
바라본 주왕산

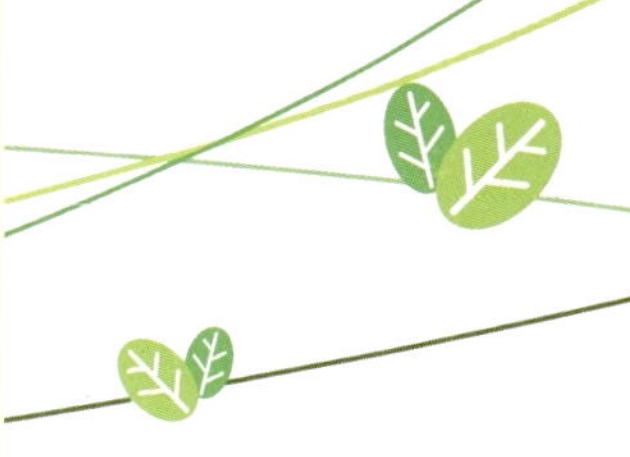

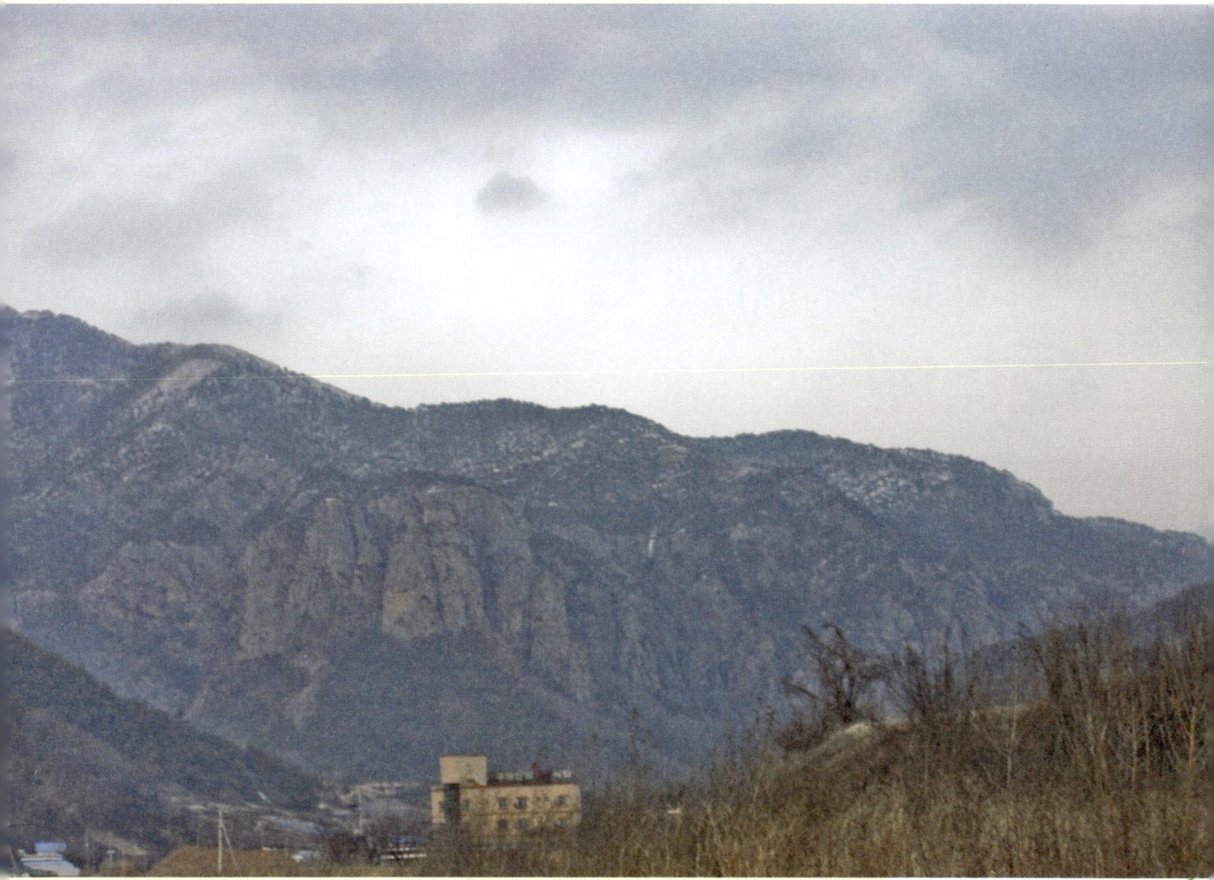

스마트폰으로 주산지 찾아가기 >>

주산지 QR코드

사랑하는 사람과 꼭 함께 가야 할
두물머리

두물머리의 야경
밤에는 많은 사람이 찾지 않지만, 여러 색의 조명이 비추는 황포돛단배를 사진에 담을 수 있다.

북한강과 남한강이 만나 하나가 되는 곳

두물머리는 북한강과 남한강이 만나는 지점이다. 북한강은 한강의 제
1 지류로 금강산에서 발원하여 철원에서 금성천(金城川)과 합쳐지고
화천에서는 서천(西川), 수입천(水入川)과 합쳐져 파라호를 이룬다. 이
물줄기는 다시 춘천시 의암호에서 소양강과 합쳐지고 가평군 청평호
에서 가평천(加平川), 홍천강(洪川江)과 합쳐져 팔당호로 흐른다. 남한
강은 강원도 금대봉 기슭 검룡소(儉龍沼)에서 발원하여 영월에서 평창
강과 합쳐지고 충북 단양을 지나 충주호를 이룬다. 충주시에서 달천과
합쳐져 여주를 지나면서 양화천(楊花川), 복하천(福河川)을 끼고 팔당
호로 들어선다. 이 남한강과 북한강이 팔당호에서 만나 서울로 흐르는
데 이곳이 바로 두물머리다. 두물머리는 한자어로 양수리(兩水里) 즉,
두 개의 물줄기가 만나는 곳이라는 의미로 이곳의 행정상 지명이다.

두물머리는 꽤 오래전부터 양수리의 나루터였다. 남한강 최상류의 물길
이 있는 강원도 정선군과 충청북도 단양군, 그리고 물길의 종착지인 서
울 뚝섬과 마포나루를 이어주던 마지막 정착지인 탓에 매우 번창했다.

두물머리의 새벽
이제 더 이상 운행되지 않는 황포 돛단배가 이곳이 나루터임을 말해주고 있다.

그러나 육로가 신설되자 조금씩 나루터의 기능을 잃기 시작하여, 1973년 팔당댐이 완공되어 물길이 끊기게 되었다. 또한 이 일대가 상수원보호구역과 그린벨트로 지정되자 어로행위 및 선박건조가 금지되면서 나루터 기능도 완전히 정지되었다.

두물머리의 나루터는 현재 흔적만 남아 있다. 팔당댐이 완공된 후, 더 이상 배가 드나들지 않았기 때문이기도 하지만, 마포에서 두물머리까지 8시간 반이 걸리는 뱃길보다는 육로가 더 편했기 때문이다. 그래도 그때의 정취를 살리고자 두물머리에는 황포돛단배를 한 척 띄어 놓아 이곳을 찾는 사람들의 좋은 포토 포스트가 되고 있다. 더욱이 밤에 찾으면 배에 비추는 조명이 형형색색으로 바뀌기 때문에 야경을 촬영하는 사진가에게는 더할 나위 없는 곳이다.

아이에게 알려주고 싶은 한마디

두물머리는 두 줄기의 강물이 합쳐 하나가 되는 곳이다. 사람이 살아가는데 있어서 둘이 하나가 되어 작은 사회를 구성하는 시점이 남녀가 만나 결혼을 하여 가정을 꾸릴 때부터이다. 우리의 아이도 언젠가는 그러할 것이다. 아이와 함께 두물머리 느티나무에 앉아 이런 이야기를 해보자.

"수백리 길을 외롭게 흘러 두물머리에서 두 물줄기가 만나 더 큰 곳인 바다로 흘러간단다. 네가 앞으로 사랑하는 사람을 만나 서로가 평생을 같이하고자 한다면 그 사람과 함께 이곳에 왔으면 좋겠다. 그리고 두 물줄기가 합쳐지는 것을 보면서 생의 중요한 약속을 했으면 좋겠구나. 두 물줄기가 하나 되어 더 큰 물줄기가 되어 희망 가득한 바다로 흘러가도록 말이다."

두물머리의 돛단배

영화와 드라마의 촬영지로 유명한 두물머리

두물머리는 서울의 동쪽 인근에 있고 경관이 수려해 드라마와 영화의 촬영지로 자주 등장하는 곳이다. 「꽃보다 남자」, 「형수님은 열아홉」, 「애정의 조건」 등 수많은 드라마에 등장했으며 영화, CF, 웨딩 촬영지로도 유명하다. 그러나 두물머리의 묘미는 다른 데 있다. 바로 바닷가가 아닌 강변에서 떠오르는 일출을 바라보는 것이다. 이 때문인지 수많은 사진가가 새벽에 두물머리를 찾아 내륙의 일출을 담아내고자 한다. 일교차가 심한 날에는 수면에 자욱하게 낀 안개와 그 사이로 떠오르는 일출이 장관이다. 여기에 400년 동안 남한강과 북한강이 만나는 것을 묵묵히 바라보고 서있는 느티나무가 있다.

이곳을 처음 찾은 지도 10년이 넘은 것 같다. 10년 전에는 사람들에게 많이 알려지지 않은 400년 된 고령의 느티나무가 서있는 한적한 곳이었다. 지금은 많은 사람들이 찾는 탓에 입구에 주차장이 생기고, 산책로, 체험학습장, 카페, 음식점도 생겨 볼거리, 먹을거리도 많아졌다. 많은 사람들이 이곳을 좋아하는 이유는 서울에서 그리 멀지 않으며, 평일에는 인적이 드물어 혼자서 생각할 수 있는 조용한 곳이기 때문일 것이다. 새로 생긴 산책로를 따라 걷다보면 서울과 사뭇 다른 강바람에 마음이 가벼워 지는 것을 느낄 수 있다. 느티나무 아래에 놓인 황포돛단배에 한 번 앉아 번창했던 두물머리를 한번 사색을 해보는 것도 꽤나 운치 있는 일이 될 것이다.

  우리 아이에게 꼭! 알려주고 싶은 대한민국

두물머리 석창원에 핀 연꽃

변모하는 두물머리의 또 다른 모습, 석창원과 세미원

주차장에서 두물머리까지 새로 생긴 산책길을 따라 가면 왼쪽에 샛강이 하나 있고, 그 너머에 「물과 꽃의 정원」이라 부르는 세미원(洗美苑)이 자리 잡고 있다. 기왕지사 두물머리까지 왔다면 세미원을 꼭 들러볼 것을 권하고 싶다. 세미원은 수련과 같은 수생식물을 이용한 자연정화공원으로 100여 종의 수련을 심어 놓은 세계 수련원, 수생식물의 환경정화 능력을 실험하고 연구 및 교육하는 환경교육장, 수련과 연꽃의 새로운 품종을 도입하는 시험재배단지 등으로 구성되어 있다. 이곳은 얼마 전까지만 해도 인터넷(www.semiwon.or.kr)으로 예약을 하고 가야했지만, 최근에는 당일방문으로도 관람이 가능해졌다.

또한 세미원 못지않은 석창원(石菖園)이 양수대교 밑을 지나 오른편에 있다. 세미원이 연과 수련을 중심으로 꾸며졌다면 석창원은 석창포를 중심으로 만들어진 온실이다. 일명 「자연 사랑 도서관」이라 부르는 석창원에는 수레형 정자인 사륜정과 조전 정조 때 창덕궁 안에 있던 온실 등이 전시되어 있어 선조들의 자연친화적인 환경에 대한 생각을 엿볼 수 있다. 이 도서관 앞에 작은 정원이 꾸며져 있고, 이 정원을 지나면 연꽃밭을 만날 수 있다. 연꽃이 만개했을 때의 모습이 장관인데 7월 말에서 8월 초에 가면 그 모습을 볼 수 있다.

두물머리 주변에는

두물머리 인근에는 아이들을 위한 곳이 많다. 두물머리는 남양주시와 양평군 경계에 있기에 남양주와 양평을 두루 둘러볼 수 있는 곳이기도 하다.

남양주시를 먼저 살펴보자. 6번 국도 조안 IC에서 팔당댐 방향으로 나 있는 다산로(옛 6번국도)를 따라가다 보면 다산유적지로 가는 갈림길이 나온다. 다산유적지는 다산 정약용 선생의 생가와 유적지가 있는 곳이다. 갈림길에서 팔당댐 방향으로 계속 가다보면 팔당댐을 만날 수 있다. 아마 댐을 가장 가까이에서 볼 수 있는 곳이 아닌가 생각한다. 주말에는 교통체증을 덜고자 댐 위를 개방하기 때문에 차를 타고 댐 위를 통행할 수도 있다. 조안 IC에서 45번 국도를 따라 북한강을 거슬러 올라가면 국전철인 운길산역이 나온다. 기존의 중앙선을 전철화 한 역이다. 주필 거미 박물관, 수종사, 남양주 종합촬영소, 이색적인 피아노폭포와 피아노화장실이 45번 국도와 연결되어 있다. 이 중에서 남양주시의 피아노화장실은 하수처리장이라는 지역 혐오시설을 2009년에만 17만 명의 관람객이 찾아오는 곳으로 탈바꿈시켜 놓은 명물이다. 항간에

남양주 화도하수처리장에 위치한
피아노화장실

는 화장실 하나를 짓는데 13억이라는 예산을 들여 세금을 낭비했다는 비판도 있지만, 자신이 사는 지역에 하수처리장과 같은 시설이 들어선다면 누구나 좋아할 리 만무하다. 그러나 이 독특한 발상은 지금까지와 다른 새로움을 만들었다. 이 새로움은 사람들의 마음을 바꾸는 충분한 계기가 되었다. 지역 이기주의인 님비(NIMBY, Not In My Backyard)와 핌비(PIMBY, Please In My Front Yard) 현상이 만연한 사회에서 이러한 발상은 사람들의 이기적인 마음을 중화시켜줄 수 있다.

양평군 쪽으로는 소설 소나기의 작가인 황순원의 묘와 기념관이 있는 소나기마을, 중미산자연휴양림과 중미산천문대, 들꽃수목원, 용문사가 있다. 용문사에는 수령이 1,200년이나 되는 천연기념물 30호인 은행나무가 있다.

소나기마을의 황순원문학관

아이에게 알려주고 싶은 한마디

아이가 자라면서 사회의 구성원으로서의 역할을 할 때쯤이면 스스로 문제를 해결할 나이가 되었다는 것이다. 아이가 문제를 해결할 때 개인적인 욕심이 조금이라도 들어간다면 다음처럼 이야기 해주자.

"아빠 생각에는 그 일을 하지 않았으면 좋겠어. 너의 욕심이 담긴 일은 분명 그 누군가에게는 해가 되는 결과를 만들 수 있기 때문이야. 또한 그것이 너의 욕심이 아니라 다수의 생각을 대변하는 것이더라도 이 또한 다수의 욕심인지 아닌지를 스스로 분간할 줄 알았으면 좋겠어. 다수의 욕심은 더 많은 사람들에게 해가 되는 결과를 만들 수 있기 때문이야."

사회의 옳고 그름을 판단하기 위해서는 항상 나를 위한 행동보다는 우리 모두를 위한 행동인지를 생각하고, 그 행동에는 사회의 순리를 역행하는 것이 있는지 없는지를 반드시 되짚어 봐야 할 것이다. 가끔 올바른 판단이 힘들다고 느껴질 때에는 그것이 순리인지 아닌지를 생각하는 것만으로도 답은 쉽게 나오기 마련이다. 저 피아노 화장실처럼 말이다.

   우리 아이에게 꼭! 알려주고 싶은 대한민국

황순원문학관은 경기도 양평군 서종면 수능리에 있다. 문인들이 작고
하면 흔히 생가나 고향에 문학관을 건립하는 경향이 있다. 그러나 황순
원의 고향은 이북이기 때문에 남한에는 생가나 고향이 없다. 그럼에도
불구하고 양평에 소나기 마을과 황순원 문학관이 들어선 것은 소설 '소
나기'의 장소적 배경이 되는 곳이 양평이기 때문이다. 소설에는 다음과
같이 적혀있다.

"어른들의 말이, 내일 소녀네가 양평읍으로 이사간다는 것이었다. 거기 가서는 조그마한
가겟방을 보게 되리라는 것이었다."

소나기마을 양지바른 곳에는 황순원과 부인의 묘가 안장되어 있다.

용문사는 경기도 양평군 용문면 신점리에 있다. 용문산(1,157m)에 자리 잡고 있는 용문
사는 신라 신덕왕 2년(913년)에 대경대사가 창건하였다고 전해온다. 용문사는 해마다
가을이 되면 많은 관광객이 찾는 곳으로 동양에서 가장 크다고 하는 높이 60m, 둘레
14m의 거대한 은행나무가 한 몫을 한다. 전설에 의하면 마의태자(신라의 마지막 왕인
경순왕의 아들)가 나라를 잃고 그 설움을 안고 금강산으로 가던 도중 이곳 용문산에 이
은행나무를 심었다고 하고, 화엄종의 시조인 신라 의상대사(義湘, 625~702)가 짚고 다
니던 지팡이를 꽂아 놓은 것이 은행나무로 자랐다는 전설이 전해진다.

강원도 영월군 남면 광천리

청령포 | 장릉 | 동강사진박물관 | 영월 요리골목

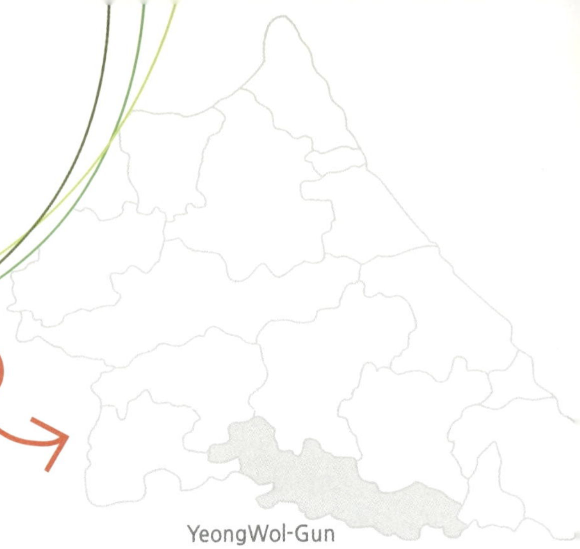

의리를 일깨워 주는
청령포(淸玲浦)

YeongWol-Gun

영월 청령포
한겨울에는 서강이 꽁꽁 언다. 배를 타고 청령포에 들어갈 수 없기에 두꺼운 얼음 위로 걸어가야 한다.

영월, 서강, 청령포

금강산에서 발원한 북한강과 태백산에서 발원한 남한강이 두물머리에서 합류되어 서울의 중심을 가로지르는 한강이 된다. 남한강은 공식적인 지명이 아니다. 남한강은 북한강과 구분하기 위해 편의상 지어 부르는 이름이다. 공식적인 이름은 한강으로 북한강이 한강의 지류가 된다. 이 한강을 거슬러 올라가면 영월에서 동강과 서강이 만난다. 여기서도 동강이 한강이고 서강이라 부르는 평창강은 한강의 지류가 된다.

강원도 평창군 오대산에서 발원한 평창강은 220km를 굽이굽이 흘러 영월에 들어선다. 영월군 서쪽을 흐른다하여 서강이라고 부르기도 한다. 직선거리는 60km 밖에 되지 않지만 곡류가 매우 심하기 때문에 그 길이가 220km나 되는 것이다. 서강은 강원도 산길을 굽이굽이 흘러 영월에 들어오면서 많은 포를 만들어 낸다. 많이 알려진 곳이 한반도 지형을 닮은 선암마을과 단종의 유배지인 청령포이다.

비운의 왕, 단종

조선 500년을 대표하는 역사는 왕의 역사이다. 왕을 중심으로 한 권력 쟁탈과 이를 세력화하는 일들이 반복된다. 그래서 왕가에는 많은 일들이 일어났다. 뒤주에서 아사한 사도세자가 그렇고, 이곳 영월에서 사약을 마시고 명을 달리한 단종도 그러하다. 청령포는 단종이 세조로부터 왕위를 빼앗기고 유배된 곳이다. 삼면이 서강으로 둘러싸여 있고 한 면은 암벽이 솟아 있다. 단종은 이곳에 있을 때 워낙 지세가 험하고 강으로 둘러싸여 있어서 '육지고도(陸地孤島)'라고 했다고 한다.

제1대 태조(太祖) ▶ 제2대 정종(定宗) ▶ 제3대 태종(太宗) ▶ 제4대 세종(世宗) ▶
제5대 문종(文宗) ▶ 제6대 단종(端宗) ▶ 제7대 세조(世祖)

단종을 이야기할 때 늘 '비운(悲運)'을 이야기 한다. 이것은 조선왕조의 비운의 역사이기도 하다. 세종은 18남 4녀의 자식을 두었다. 첫째 아들을 세자로 책봉하여 문종이 되었다. 단종은 문종(1414~1452)의 외아들로 12살의 어린 나이에 조선 6대 왕에 즉위(1452)하였다. 그러나 즉위 1년 만인 1453년에 세종의 둘째 아들인 수양대군에 의한 계유정난(癸酉靖難)이 일어났고, 정치적 실권을 수양대군이 장악했다. 1455년 수양대군이 단종의 측근들을 모두 죄인으로 몰아 유배시키면서 단종은 왕위를 빼앗기고 이름뿐인 상왕(上王)으로 남게 되었다. 1456년 성삼문, 박팽년 등의 집현전 학자들이 단종의 복위를 도모하였지만 실패하고 모두 처형되었다. 이 일로 단종은 1457년 상왕에서 노산군(魯山君)으로 강봉되어 이곳 영월 청령포에 유배되었다. 그 뒤로 숙부인 금성대군이 복위를 도모하였지만 역시 실패하였고 단종은 노산군에서

 우리 아이에게 꼭! 알려주고 싶은 대한민국

서인(庶人)으로 다시 강봉되었다. 단종은 세조(수양대군)로부터 끊임없는 자살을 강요당하다 1457년 음력 12월 24일에 영월 시내의 관풍헌에서 사약을 마시고 죽게 된다.

누구나 혼자 여행을 떠나고 싶을 때가 있다. 그러나 막상 떠날 채비를 하면 갈 곳이 없는 경우가 더러 있다. 혼자 떠나는 여행은 필연 무엇인가를 얻기 위함이 크다. 청령포는 홀로 떠나는 여행지의 최종 목적지와도 같은 그러한 곳이다. 자신의 의지와 상관없이 왕이 되고, 이곳에 유배되어 죽음까지 맞이한 단종을 노산대에 올라 생각하노라면 집으로 되돌아가는 발걸음은 한결 가벼워질 것이다.

문종과 단종의 충신, 사육신과 생육신

단종에 관련된 역사적인 인물로는 사육신과 생육신이 있다. 사육신(死六臣)은 충절을 지키다 죽은 성삼문 등 여섯 명의 신하를 말하며, 생육신(生六臣)은 차마 죽지 못하고 평생을 죄인처럼 살다 간 김시습 등 여섯 명의 신하를 말한다. 이들의 충정이 이어져 200년이 지난 1681년 숙종 때 서인으로 강봉되었던 단종은 다시 대군으로 추봉되었고, 1698년에 왕으로 복위하여 묘호(廟號)를 단종이라 하였다.

장릉에 있는 엄흥도 정여각
이 비각은 엄흥도의
충절을 알리기 위해
영조가 세운 것이다.

단종의 능은 경국대전에 명시된 사대문 밖 100리를 벗어난 능 중의 하나로 청령포가 속해있는 강원도 영월에 있다. 이곳을 '장릉(莊陵)'이라 한다. 단종이 사약을 마시고 죽은 후, 그의 시신은 동강에 버려졌다. 이를 영월의 호장이었던 엄흥도가 수습하여 암장하였다고 한다. 1541년(중종 36)에 영월군수 박충원이 묘를 찾아 정비하였고, 1698년(숙종 24) 단종으로 복위하면서 이곳의 능호를 장릉이라 한 것이다. 능 아래에는 단종을 위해 충절을 한 충신 등 268인의 위패가 안치된 장판옥(藏版屋)과 제사를 올리는 배식단(配食壇)이 있다.

사육신은 충절을 지킨 여섯 명의 신하를 말하는 데, 서울 동작구의 사육신 공원에 가보면 일곱 개의 묘가 있다. 즉, 사육신이 아니라 사칠신인 것이다. 역사적인 해석이나 관점에 따라 사육신이 될 수도 있고, 사칠신이 될 수도 있다고 한다. 이에 대해 국사편찬위원회는 기존의 사육신이라는 명칭을 그대로 유지하되, 한 사람을 더 현창하는 것으로 결론지었다고 한다. 중요한 것은 누가 충신이고, 그 충신이 몇 명인지가 아니라 그들의 절개와 장렬한 죽음이다. 나와 내 가족이 아닌 다른 그 누구를 위해 죽는다는 것은 생각하기 힘든 일이다. 그들은 주군에 대해 신하가 가져야할 도리인 충복보다는 자신을 진심으로 믿어준 사람에 대한 의리를 지키고자 했을 것이다.

　우리 아이에게 꼭! 알려주고 싶은 대한민국

장릉에 있는 장판옥(藏版屋)
정조가 건립한 것으로 단종을
위해 목숨을 바친 268인의
위패를 모셔놓은 곳이다.

아이에게 알려주고 싶은 한마디

아이가 점점 자라면서 사회생활을 하고 그 속에서 많은 사람들을 만나게
될 것이다. 그러나 순수한 아이의 마음과는 달리 이 사회는 그렇게 믿을 만하
지 못한 것 같다. 사회생활을 하는 부모들은 이미 사회와 사람에 대한 믿음
그리고 의리를 헌신짝처럼 버리는 경우를 종종 보아왔기 때문이다. 수양대군이
자신의 조카를 죽여가면서 왕위에 오르고 싶은 욕심처럼 이 사회는 저마다의
욕심으로 가득하다. 이러한 사회를 아이들에게 물려주게 되어 부모들은 미안하
게 생각해야 한다. 한때는 자라나는 아이들에게 희망이 가득한 사회를 보
여 주려고, 이러한 사회를 바꿔보겠다는 부푼 꿈을 꾼 적이 있었지만, 그 조차
도 함께 한 사람들의 욕심이 있었기에 그렇게 되지 않았다. 이는 앞으로도
마찬가지일 것이다. 누군가 나서서 그것을 해결하기 보다는 우리 사회가 가
지고 있는 구조적인 문제라는 것을 아이도 점점 알게 될 것이다. 하지만 우리
아이에게 당부하고 싶은 것이 있다.

"사회와 사람을 믿고 의지하려면 너의 작은 욕심부터 버려야 한다. 누군가
너를 믿고 의지하려 할 때 너의 욕심을 본다면 그 사람은 너로부터 멀어지려
고 할 것이기 때문이다."

청령포 노선대에서 바라 본 노을
단종은 노선대에 올라 한양에 두고
온 정순왕후를 그리워했다고 한다.

청령포 가는 길

단종이 유배된 청령포는 서강으로 둘러싸여 있어 강을 건너야 갈 수 있는 곳이다. 이곳이 명승지가 되면서 배를 타고 청령포에 들어갈 수 있게 되었다. 청령포 입구 주차장에서 차를 세우고 매표소에서 표를 끊고 들어가야 한다. 주차료는 무료이고, 입장료는 도선료를 포함하여 2,000원이다. 필자는 한겨울에 이곳을 방문했기 때문에 배를 타는 대신 꽁꽁 언 강을 건너가야 했다. 얼음길을 안내하는 안내원에게 물어보니 얼음의 두께가 40~50cm나 된다고 한다.

얼음길을 걸어가는 느낌은 배를 타는 것과는 다른 재미가 있다. 혹시나 얼음이 깨질까, 걷다가 미끄러질까 걱정이 앞선다. 조금씩 얼음을 디디며 고양이 걸음으로 도강하여 청령포 강변에 들어선다. 새하얀 눈이 덮인 청령포는 단종의 서글픔을 그대로 간직한 듯 고즈넉했다. 소복이 쌓인 눈을 그대로 품고 있는 소나무숲, 그 사이로 단종이 유배를 보낸 어가가 보인다. 어가를 둘러싼 담장을 따라 한 바퀴 돌아 우측의 노선대로 향한다. 노선대는 유배 온 단종이 이곳에 올라 늘 한양을 바라보았다는 곳이다. 아마도 한양에 홀로 남겨진 정순왕후를 그리워하며 그 그리움을 돌탑으로 쌓으며 달래었을 것이다. 노선대에 올라, 지는 노을을 바라보고 있자니 절로 마음이 숙연해진다. 누구나 이곳에 와 단종을 생각한다면 그러한 생각이 들 것이다.

박물관의 고장 영월

단종의 비운을 간직한 청령포의 숙연함 때문인지 영월은 조용하고 한적한 곳이다. 그러한 분위기에 걸맞게 영월에는 박물관이 많이 있어 박물관의 고장으로 불린다. 영월에 소재하고 있는 박물관으로 동강사진

박물관이 대표적이다. 또한 단종역사관, 난고 김삿갓문학관, 국제현대
미술관, 묵산미술박물관, 영월곤충박물관, 조선민화박물관, 호야지리
박물관, 청전전각박물관, 호안다구박물관, 영월서강미술관, 영월화석
박물관, 세계민속악기박물관, 아프리카미술박물관, 별로마천문대 등이
있다(2010년 3월 기준). 영월에 들러 이 모든 박물관을 두루 살펴보려
면 넉넉하게 일주일은 잡아야 할 것이다. 영월군 관광안내 홈페이지
(www.ywtour.com)에서 영월의 박물관에 대한 소개와 예약을 할 수
있다.

영월에 있는 박물관 대부분은 개인 사재를 털어 만든 것이라고 한다.
그럼에도 불구하고 입장료도 매우 저렴하거나 무료이다. 서울과 수도
권 인근에 산재해 있는 체험학습장이나 소규모 박물관, 수목원에 비하

동강사진박물관
매년 동강국제사진제가
열리는 곳이다.

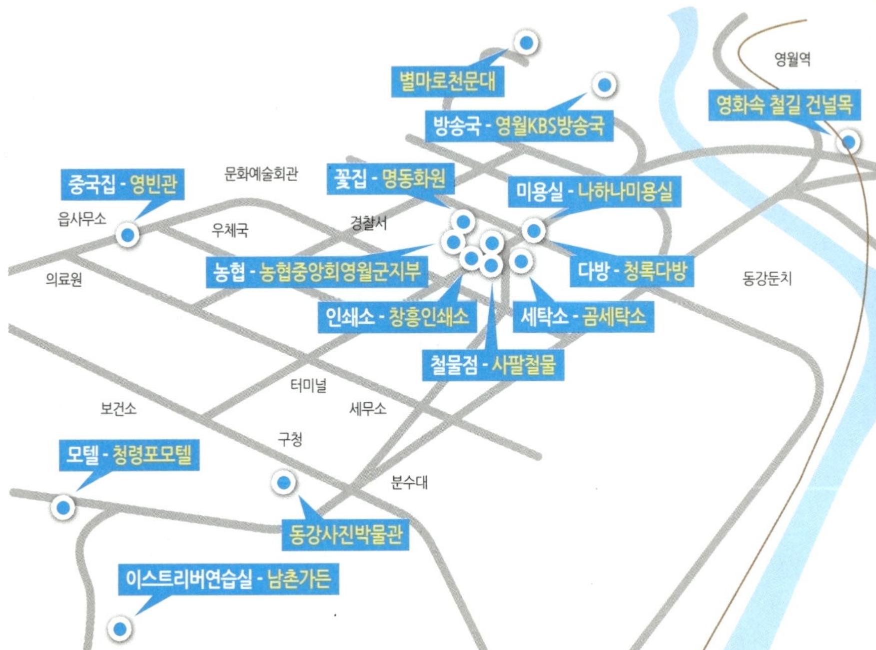

영월 시내 전체가 영화 「라디오스타」의 촬영지이다. 영화를 미리보고 이곳을 둘러본다면 자신이 살고 있는 동네처럼 친근하게 느껴진다.

면 거의 무료 수준이라 할 수 있다. 필자는 2010년 1월에 동강사진박물관을 1,000원에 관람했다. 프로그램도 무료로 제공한다.

박물관을 개인이 만들었건, 영월군에서 만들었건 간에 영월의 박물관은 사람의 관심을 끄는 묘한 구석이 있다. 영월을 매년 가도 질리지 않는 이유가 여기에 있는 것이다. 지금까지 전국을 여행하며 사진을 찍으면서 느낀 것이지만, 대부분의 지방자치단체에서는 실적 위주의 행사나 축제에 혈안이 되어 있는 것을 많이 보아왔다. 이러한 행사나 축제가 지역의 발전을 꾀한다고 생각하는 것 같다. 하지만 그러한 모습은 여행객의 마음을 사로잡지 못한다. 일 년에 한 번 하는 축제를 끝내고 나면 과연 무엇이 남을까? 몇몇 행사나 축제는 성공했다고 말을 하지만, 매해 되풀이되는 속빈 강정 같은 축제에 사람들이 모이는 것을 보면 신기할 따름이다. 차라리 영월에 3~4일 묵으면서 박물관과 문화재를 둘러보는 것이 여행 속에서 얻을 수 있는 진정한 여유가 아닌가 생각한다.

영월 시내는 꽤나 알려진 곳이다. 박중훈, 안성기 주연의 영화 「라디오 스타」의 촬영지가 이곳 영월이었기 때문이다. 다방, 철물점, 세탁소, 농협, 꽃집, 중국집, 순대국밥집 등 영화에 나온 장소들이 세트가 아니라, 실제 영월 시내의 한 장소이다. 영화를 떠올리며 이곳을 둘러보는 것도 또 하나의 재미이다.

영월 시내 한 아파트
벽면에 그려진
라디오스타 주인공의 얼굴

영월과 요리골목

영월 시내에는 1960~80년대까지 우리나라의 근대화를 견인한 탄광노동자의 삶과 애환이 깃든「요리골목」이 있다. 1989년 석탄합리화정책의 영향으로 탄광도 많이 없어지고, 일하는 사람들도 많이 줄었기 때문에 더불어 요리골목의 음식점들도 줄었다. 그래서 지금은 1960~80년대의 풍류를 즐기던 그런 활기찬 골목을 기대할 수는 없지만, 공공미술프로젝트가 추진되어 지붕 없는 거대한 미술관이 되면서 요리골목은 영월의 이야기를 들려주고 그 이야기를 들으면서 걷는 '이야기가 있어 걷고 싶은 거리'로 변모하였다. 요리골목을 걸으면 담벼락, 건물 벽에 그려진 수많은 벽화를 볼 수 있다. 정말 영월이기에 잘 어울리는 벽화들이다. 이 벽화들을 보면서 사람들의 머릿속에서 점점 잊혀져가는 한국근현대사를 장식한 늠름한 역군들의 모습이 눈앞에 다가오는 듯하다.

영월 요리골목의 입구

영월 요리골목의 벽화

 우리 아이에게 꼭! 알려주고 싶은 대한민국

사람이 살아가는 데 있어서 한 번쯤 고민해야 하는 것이 있다. 그것은 바로 무엇을 위해, 무엇을 하며 살 것인지에 대한 것이다. 아이가 아직 어리다면 이 말이 무슨 말인지 이해하기 어려울 수도 있다. 그럼 조금 더 자란 후에 이야기해줘도 된다. 하지만 아이가 자라면서 사회를 조금씩 경험하게 되면 이에 대한 많은 고민을 하게 될 것이기 때문에 부모는 미리 준비를 해두는 것이 좋겠다.

아이가 자라면서 앞으로 어떤 직업을 선택할 것인지는 전적으로 아이의 몫이고, 그것을 스스로 결정할 수 있도록 해주는 것은 부모의 몫이다. 그렇다고 아이들에게 직업에 귀천이 없다는 식의 동정 어린 말은 하지 않았으면 한다.

첫 번째로 아이가 선택하는 직업은 자기 자신만을 위한 일이 아니었으면 좋겠다. 주변의 남을 생각하지 않고 오로지 자신만을 위해 일하다 보면 결국 홀로 남겨지게 되는 법이기 때문이다. 두 번째로 가치가 있는 직업을 선택해야 한다. 그것은 아이에게도 가치가 있어야 하지만, 사회와 그 구성원 모두에게도 가치가 있어야 한다. 가치가 있다고 생각되는 일은 늘 사회의 한 역사를 만들어 왔다. 영월의 탄광노동자들이 만들어 낸 대한민국의 근현대사처럼 말이다. 마지막으로 아이가 속한 조직에서 최고의 위치에 오르기 보다는 중간자적인 위치에서 조직을 이끌어가는 중추적인 역할을 했으면 좋겠다. 아이가 하는 일에 있어서 최고의 위치에 올랐다는 것은 최종 목표에 도달했다는 것이다. 이는 더 이상 오를 수 있는 목표가 없다는 것과 마찬가지이다. 그래서 최고의 위치보다 중간의 위치에서 오랫동안 아이가가 좋아하는 일을 꾸준히 했으면 하는 바람이다.

청령포 QR코드

4번째 여행지

강원도 강릉시 강동면 정동진리

정동진역 | 일출 | 모래시계공원

상생을 생각하게 하는
정동진(正東津)

정동진역에서 바라본 동해
정동진역 건널목에는 소나무가 한그루 있다. 드라마 「모래시계」에서 고현정이 이곳에서 체포될 때 배경이 된 곳이다.
그때 화면에 나온 소나무를 고현정 소나무로 부른다.

서울의 정 동쪽에 있는 바닷가 마을

대한민국을 여행하다보면 생소한 지명들을 듣게 된다. 또한 익히 알고
있는 지명이지만 그 뜻을 모르다가 여행 중에 알게 되는 경우가 있다.
동해안에 있는 정동진도 그러한 곳 중 하나이다. 많은 사람들이 정동진
을 TV와 드라마의 촬영지 정도로 알고 있을 뿐 지명에 대한 의미를 잘
알지 못할 것이다. 필자도 대학 때 이곳을 여러 번 방문했던 기억이 있
지만 지명에 대한 의미는 정확히 알지 못했다. 아니 애써 찾아 알려고
하지 않았던 것 같다. 그러나 사진을 찍기 시작하고 여행지에 대한 관
심이 많아지면서 정동진에 대한 의미를 새삼 알게 되었다.

정동진의 역사는 신라시대부터 시작한다. 신라시대에는 사해용왕에게 왕이 직접 제사를
지내던 곳이었다. 정동진이라는 이름을 얻게 된 것은 조선시대에 들어와서이다. 한양의
광화문에서 정(正) 동(東)쪽에 있는 나루터(津)라는 의미로 지어졌다고 한다. 단순하면서
도 당시의 측량술로는 꽤나 정확성에 근거한 이름이다. 그 당시 광화문의 정 동쪽을 어떻
게 알았는지 새삼 궁금해지기도 한다. 지도를 펼쳐놓고 보면 정동진은 서울의 광화문보
다 조금 위인 도봉산과 그 위도가 같다고 한다. 약간 차이가 나긴 하지만 서울의 정 동쪽
에 있는 것은 확실하다.

동해안 일출의 명소, 정동진 그리고 추암

정동진은 일출의 명소로 잘 알려져 있고, 드라마 「모래시계」의 촬영지로도 1994년부터 그 유명세를 타기 시작했다. 또한 세계기네스북에 오를 만큼 바다에서 가장 가까운 기차역인 정동진역이 있다. 기차역이 해변의 모래사장과 바로 연결되어 있으니 이보다 더 가까운 기착역이 또 어디 있을까 싶다. 그래서인지 정동진의 일출을 보기 위해 많은 사람들이 찾아온다. 서울의 청량리역에서 출발하는 기차를 타고 이곳에 내리면 곧바로 일출의 장엄함을 맛볼 수 있다.

아이에게 알려주고 싶은 한마디

사회를 살아가면서 반드시 알아야 하는 것이 있다. 사람들은 그것을 '지식'이라고 하면서 애써서 알기 위해 공부를 한다. 하지만 정동진처럼 자연스럽게 배우는 그러한 지식도 있다. 두 가지 지식 중 후자가 전자에 비해 오래 기억되고 잘 잊혀지지 않는다. 그 이유를 과학적으로 설명하기는 힘들지만, 아마도 자신이 관심을 가지고 있는 것의 일부분이기 때문일 것이다. 반면에 전자가 잘 잊혀지는 이유는 무엇인가를 내 의지와 상관없이 억지로 배웠기 때문일 것이다. 따라서 무엇인가를 억지로 하기보다는 의지가 이끄는 데로 자연스럽게 하거나, 그런 기회를 천천히 기다리는 것도 이 사회를 살아가는 방법 중 하나인 것 같다.

동해안 일출의 명소로 정동진과 더불어 추암을 빼놓을 수 없다. 정동진이 기차역에서 내려 곧바로 해변으로 나가 일출을 볼 수 있는 곳이라면, 추암도 가까운 추암역에서 내려 곧바로 해변으로 나가 일출을 볼 수 있다. 그러나 추암의 일출은 망망대해에 떠오르는 해를 바닷가 모래사장에서 보는 것이 아니라, 촛대바위가 보이는 절벽에 올라 그 너머로 일출을 보는 것이 다를 뿐이다.

추암 촛대바위

상생을 생각하게 하는 _ 정동진(正東津)

정동진역과 추암역은 바닷가에 있다는 공통점이 있으나, 실은 그 태생이 다르다. 정동진역은 1962년 설치된 뒤 여객과 화물 운송을 담당해 왔다. 그러나 지역인구의 감소로 인해 1990년대 초에는 기차가 거의 운행되지 않을 정도로 한산하여 폐역으로 고려되었다고 한다. 드라마 모래시계의 영향으로 정동진이 알려지기 시작하면서 이곳이 연인들의 언약식 장소와 일출을 보는 장소로 급부상하게 되어 지금에 이르고 있다. 드라마 한편이 폐역을 살리고 지역경제에 도움을 준 셈이다. 반면에 추암역은 1999년에 설치된 무배차 간이역이다. 그래서 이곳에는 표를 파는 곳이 없다. 추암은 정동진에 버금가는 일출을 감상할 수 있는 곳이다. 이곳에는 일출뿐만 아니라 해수욕장도 있다. 정동진의 유명세와 촛대바위의 일출로 인해 광관객의 발길이 끊이지 않는 곳이 되었다. 그래서 새로 역을 세운 것이다.

정동진역의 새벽

상생(相生)이라는 말이 있다. 상생은 서로가 도우며 함께 살아간다는 좋은 의미이다. 정동진역이 주변 광업소들의 폐업과 인구의 감소로 폐역이 될 위기에 처해 있다가 드라마에 나오면서 새로운 관광지로 발돋움한 것을 상생이라 할 수 있을 것이다. 방송사에서는 드라마에 부합되는 장소를 얻을 수 있어 좋고, 정동진에서는 폐역의 위기를 모면하고 지역경제를 살리는 계기가 되어 좋다할 수 있다. 이처럼 상생은 서로가 도울 수 있는 것은 도와 더 큰 효과를 만들어내고 우리가 생각하지 못한 결과를 가져올 수 있다. 하지만 항상 누군가 먼저 나서야 하는 것이 문제이다. 아무도 먼저 나서려 하지 않으면 상생의 효과는 기대할 수 없다. 또한 상생이라고 해서 다 좋은 것만은 아니다. 정치가와 기업가가 말하는 상생은 그들만을 위해 좋은 것이지 결코 대중들을 위해 좋은 것은 아닌 것 같다는 생각이 드는 이유는 뭘까?

정동진 주변에는

정동진역에서 입장권을 구입하면 기차를 타지 않아도 정동진 역내로 들어갈 수 있다. 정동진역은 코앞이 바다여서 바다를 배경으로 한 사진과 기차가 오지 않는 시간에는 철길 위에 서서 철길, 역사를 배경으로 한 사진을 마음껏 찍을 수 있다. 해변과 건너편 플랫폼으로 가려면 철길을 가로질러 놓여 있는 철길 건널목을 건너야한다. 이때 오른쪽을 바라보면 절벽 위에 놓인 크루즈 배를 배경으로 이국적인 풍경을 담을 수 있다. 날씨가 좋은 날보다 해뜨기 전 푸르스름한 새벽에 화이트밸런스를 Daylight에 맞춰놓고 찍으면 색다른 분위기를 담을 수 있다.

정동진 모래시계공원의
초대형 모래시계

 우리 아이에게 꼭! 알려주고 싶은 대한민국

해변을 따라 크루즈 배가 있는 쪽으로 걸어가면 모래시계공원을 만날 수 있다. 이곳에는 지름 8.06m, 폭 3.20m, 무게 40톤, 모래 무게 8톤으로 된 세계 최대의 모래시계가 있다. 이 모래시계의 모래가 모두 떨어지는 데 걸리는 시간은 1년이다. 매년 1월 1일 0시에 시계를 반 바퀴 돌려 다시 모래가 떨어지게 하고 있다.

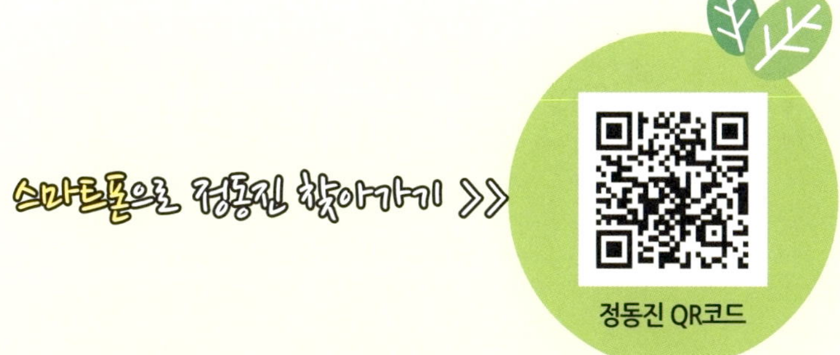

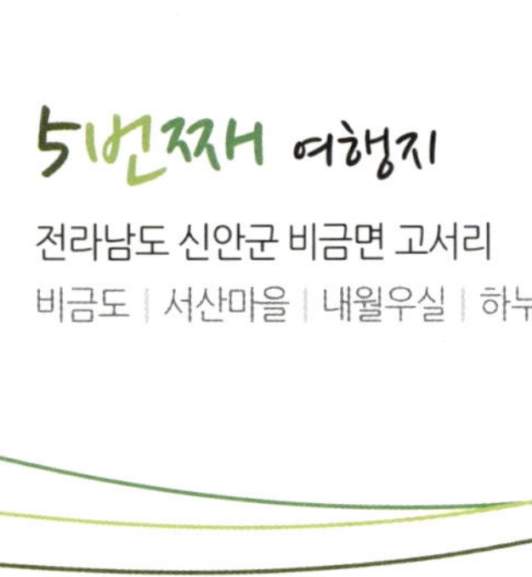

섬에서 찾은 여유로움
비금도 서산사(飛禽島 西山寺)

천사의 섬, 신안 그리고 천일염

전라남도 신안군은 수많은 섬으로 이루어진 곳이다. 크고 작은 섬의 수가 1,004개여서 신안군을 '천사의 섬'이라 부른다. 그러나 신안은 천일염과 신안 해저의 보물로 유명한 곳이다.

소금은 크게 두 종류로 구분된다. 하나는 천일염(天日鹽)이고 다른 하나는 정제염(精製鹽)이다. 천일염은 바닷물을 염전으로 끌어들여 태양 아래서 수분을 증발시켜 얻어내는 소금이다. 이에 비해 정제염은 바닷물을 전기로 분해하여 중금속을 제거하고 순도 높은 염화칼슘을 얻어낸다. 전라남도 신안의 천일염은 국내 천일염 생산의 65%를 생산한다고 한다. 특히 비금도와 다리로 연결된 도초도에는 광활하게 펼쳐진 염전을 볼 수 있다.

천일염은 슬로우 푸드(Slow Food)라고 부른다. 슬로우 푸드라면 우리

(飛禽島 西山寺)

몸에 좋다는 것으로 생각한다. 그래서인지 웰빙과 건강을 생각하는 생활을 중요시 하면서 슬로우 푸드는 날로 인기가 높아지고 있다. 하지만 슬로우 푸드에 대한 인식은 매우 부족한 것 같다. 슬로우 푸드는 패스트 푸드(Fast Food)의 반대말 정도로 생각한다. 틀린 말은 아니지만 맞는 말도 아니다. 예를 들어, 패스트 푸드라 하면 햄버거와 같은 인스턴트 식품을 의미한다. 인스턴트 식품이라 해서 모두 몸에 좋지 않은 것은 아니기 때문이다.

슬로우 푸드는 자연의 순리를 가지고 있는 음식이다. 자연의 순리란 시간의 기다림 속에서 얻어지는 음식이다. 현대생활에서 제철에 나는 음식을 얼마나 먹을 수 있겠는가? 인간의 성급함에 인공으로 재배한 농산물과 유전자 변형 콩과 같은 사료를 먹인 축산물을 유기농이니, 자연친화적이니 하는 말로 생산해 냈다고 이것을 슬로우 푸드라고 하지는 않는다. 진정한 슬로우 푸드는 자연의 기다림이다. 이런 면에서 천일염은 오랜 기다림의 결정체인 것이다.

천일염을 만들어 내는 과정은 우선 바닷물을 증발지로 끌어 들여 염도를 높인다. 1, 2차 증발지를 거치면서 염도는 높아지게 된다. 염도가 올라간 바닷물은 해주라는 곳에 모이게 된다. 염전에 보면 지붕만 보이는 낮은 창고들이 있는데 이곳이 해주이다. 이곳에서 소금을 만들 수 있는 적정 염도가 될 때까지 기다려야 한다. 염도 23도가 되면 바닷물을 결정지로 옮기게 된다. 당일 날씨와 바람의 양 등에 따라 물의 양을 조절해야 한다. 해가 지기 전 결정지의 소금을 고무레로 걷어 천일염을 생산해 낸다. 정제염과 달리 소금 결정을 얻어내기 위해 강제적으로 바닷물을 증발시킬 수가 없다. 염전에 불어오는 바람과 한낮의 태양빛으로 바닷물을 증발시키면서 유해성분도 함께 날려버린다.

돌담길이 아름다운 비금도 서산마을과 내월우실

비금도는 차를 가지고 들어갈 수 있는 섬이다. 그만큼 섬이 크고 도로가 잘 닦여 있다는 말도 된다. 이웃하는 도초도와 다리로 연결되어 있으니 차가 없으면 둘러보기도 힘든 곳이다.

비금도를 찾는 사람들은 하트모양의 하누넘 해수욕장을 찾는다. 그 길을 가기 전에 금천저수지를 지나게 된다. 물이 부족한 섬에 저수지가 있는 것이 특이했다. 그래서인지 비금도는 논농사가 가능한 곳이다. 이 저수지 앞에 자리 잡은 마을이 서산마을이다. 서산마을은 '돌담이 아름다운 마을'로 소개되는 비금도를 대표하는 풍경이다. 섬이라는 특수한 지형 탓에 비바람과 태풍을 이겨낼 수 있는 담과 벽이 필요한 것은 당

연하다. 이곳 사람들은 그러한 환경을 돌담으로 극복한 것이다. 지금도 이 돌담은 자연재해를 이겨내는 역할을 충분히 수행하지만, 이곳을 찾는 관광객에게는 아련한 정취를 느끼게 해주는 풍경을 제공해 준다.

마을 앞에는 잘 정돈된 논이 시원스레 펼쳐져 있고, 길 안쪽으로 마을이 자리 잡고 있다. 마을은 한여름의 더위를 시원스레 씻겨주는 바람처럼 깨끗하다. 그 깨끗함의 비결은 차곡차곡 쌓아 올린 돌담이라 할 수 있다. 바람을 피하기 위해 지은 나지막한 집들이 돌담너머로 보인다. 돌담의 색과 콩밭의 초록빛이 잘 어울리는 그런 곳이다.

제주도의 돌담은 현무암으로 되어 있지만, 비금도의 돌담은 이보다 더 단단한 화강암으로 되어 있다. 주로 섬에서 쉽게 구할 수 있는 재료로

돌담길이 아름다운 비금도 서산마을
마을 입구의 콩밭과 돌담이
어우러진 곳이다.

내월우실
산등성이에 돌담을 쌓아
바람을 막고자한 인간의
지혜가 돋보인다. 중간에
겹쳐지는 부분이 사람들이
지나다니는 통로이다.

담을 쌓은 것이다. 그래서인지 마을마다 세워져 있는 장승도 돌로 된 것이 많다. 비금도의 돌담은 인간이 가지는 세 가지 특성 중에 창조성에 의해 만들어졌다 할 수 있다. 창조성이란 인류의 역사가 시작된 이래부터 지금까지 자연으로부터 수없이 많은 도전을 받아 왔지만, 이를 이겨내고자 하는 창조성에 기반을 둔 노력으로 극복해왔다.

비금도의 내월우실도 인간의 창조성에 기인한 산물이다. 내월우실은 신안군 향토자료 제18호로 2000년 1월에 지정된 문화재이다. 길이가 각각 20m, 45m인 두 개의 담장이 높이 3m, 폭 1.5m의 규모로 하누넘

해수욕장과 비금도 내월리 사이의 산등성이에 있다. 내월우실 앞에 세워진 안내판에 있는 설명을 인용하면 다음과 같다.

우실의 어원은 '울실'이라고 한다. 울실은 마을의 울타리라는 뜻을 가지고 있다. 신안의 여러 섬들은 동네 어귀에 석축을 쌓아 바닷바람을 막았다고 한다. 이는 바닷바람으로 인한 농작물의 피해를 방지하고, 풍수적으로 마을의 약한 부분을 보완해 주며, 마을과 마을의 경계를 알리는 역할을 한다고 한다.

비금도의 내월우실 역시 그 역할이 크게 다르지 않다. 하누넘에서 불어오는 재냉기(재 너머에서 부는 찬바람)로 농작물의 피해가 많아 이곳에 돌담을 쌓고 그 바람을 막아 피해를 줄이고자 했던 것이다.

하트모양의 하누넘해수욕장

최근 비금도를 유명하게 한 일등공신은 바로 하트모양을 하고 있는 해수욕장이다. 피지의 Tavarua 섬, 크로아티아의 Galensjak 섬처럼 자연이 만들어 준 선물이다. 하지만 감사하기에는 이르다. 어느 특정 위치에서 보아야만 하트모양이 되기 때문이다. 하누넘해수욕장에서 내월우실로 올라가다보면 전망대가 있다. 이곳에서 바라봐야 해수욕장이 하트모양으로 보인다. 실제 이 해변을 상공에서 보면 하트와는 모양새가 다르다. 하늘에서 내려다 볼 수 없기에 마음속으로 그 모양을 그리며 연인들이 찾아와 언약을 하는 곳으로 유명해졌다.

인터넷에 올라온 사진의 대부분을 여기서 찍었으리라 믿고 전망대에 올랐다. 하지만 인터넷의 사진과 조금 다르다는 것을 한눈에 알 수 있었다. 아마도 서해안이다 보니 물이 빠져 그랬을 것이라 생각했지만, 사진을 유심히 들여다보니 산에 나무가 없기 때문이다. 솔잎혹파리 병충해로 소나무를 거의 베어버려 하트의 둥근 선이 살아나지 않았기 때문이다.

하트모양의
하누넘해수욕장

아이에게 알려주고 싶은 한마디

인간이 창조성을 가지고 있다고 해도 자연의 모든 재해를 막을 수는 없다. 인간이 할 수 있는 것은 그 피해를 최소화하는 것이다. 한반도의 모든 소나무를 벌벌 떨게 했던 솔잎혹파리 해충이나, 2009년 한해 전 세계를 공포의 도가니로 몰아넣은 신종 인플루엔자와 같은 것들은 막아낼 재간이 없었다. 매해 불어 닥치는 태풍도 그렇다. 우리는 이런 재해를 막기보다는 그 시간을 연장한 것뿐이다. 창조성은 자연의 섭리를 거스르는 것이 아니라 그것을 이용하여 인간을 이롭게 하는 것이다. 자연과 인간이 함께 어우러질 때 비로소 그 창조성이 실현된다 할 수 있다.

섬에서 느끼는 여유, 서산사

서산마을을 지나 금천 저수지 앞 갈림에서 왼쪽 길로 접어들면 비금도의 유일한 사찰인 서산사를 만날 수 있다. 다른 방법으로 오른쪽 길을 선택하여 하누넘해수욕장, 내월우실, 비금도 시내를 지나 금천 저수지로 되돌아온 후 서산사를 들를 수 있다. 필자는 후자를 선택하여 하루 동안의 비금도 일주를 서산사에서 마무리했다.

서산사의 건립 연대는 정확히 알 수 없으나, 고려후기(공양왕, 1390)로 추정하고 있다. 조선시대에는 하누넘으로 옮겨졌다가 1898년 목포항이 개항된 후, 지금의 신안군 비금면 고서리 절골산에 사찰을 신축하였다. 그러나 사찰이 너무 험준한 산에 위치하여 승려와 신도가 통행하는데 불편하여 1920년 200m 아래에 현재의 서산사를 중건하였다고 한다. 현 서산사는 전통사찰 제77호로 지정되어 있다.

서산사 대웅전 앞에 핀 키작은 해바라기

서산사에서 만난 스님

서산사는 들어가는 입구부터 가파르다. 차가 들어가기에도 좁은 편이다. 가파른 길을 오르다보면 툭 터진 공터를 만나게 된다. 이곳은 서산사의 주차장이다. 여기에 차를 세우고 다시 가파른 길을 30m 정도 올라가야 한다. 길 왼쪽에는 절벽이 웅장하게 버티고 있고, 오른쪽으로는 힘들게 오르는 방문객을 맞이하는 냥 수국이 탐스럽게 피어 있다.

필자는 2009년 여름에 이곳을 찾았는데 한창 중건 중이였다. 절 안으로 들어서면 좌측에 새로 짓고 있는 불당이 있고 정면에 석가모니를 모신 불당이 있다. 그 앞에는 작은 탑이 하나 세워졌다. 그리고 오른쪽으로는 오래된 허름한 집이 한 채 있는데, 이 집이 예전 서산사의 불당이었다고 한다. 서산사는 스님이 없는 비어있는 절처럼 조용했다. 절 내를 둘러보면서 사진을 찍기에 안성맞춤이었는데 그 시간도 그리 오래가지 못했다.

옛 불당에서 스님이 한분 나오셨는데, 만나 뵌 스님은 비구니였다. 큰 스님이 계시다고 했지만 뵐 수는 없었다. 스님은 비금도가 내려다보이는 곳에 평상을 차려놓고 그곳에 앉아 산새들과 대화를 하며 산사의 여유를 보여주는 듯 했다. 하루 종일 한여름 태양아래서 사진을 찍느라 지친 필자에게 스님이 건네준 냉수 한 잔은 그 어떠한 것보다도 값지고 고마운 선물이 아니었나 생각한다. 평상 위에 걸터앉아 냉수를 마시며 산새들의 지저귐과 불어오는 바람의 속삭임을 느끼며 비금도의 하루해는 저물었다.

서울특별시 영등포구 양화동

선유도 | 선유교 | 전망대 | 월드컵공원(난지도) |
성산대교(한강분수) | 선유정 | 디자인서울갤러리

YeongDeungPo-Gu

도시 속의 작은 섬

선유도(仙遊島)

선유교의 야경
일명 무지개다리라고 부른다. © Sean 2006

한강의 섬

한강은 한반도의 젖줄이자 서울을 가로질러 서해로 흘러가는 큰 강이다. 강이 크다보니 섬들도 많이 있다. 그 섬 중에 서울에 있는 한강의 섬을 하나 꼽으라면 대부분 여의도라 할 것이다. 그도 그럴 것이 여러 섬들 중에 여의도가 가장 크거니와 면적을 비교할 때 가장 많이 등장하기 때문이 아닌가 생각한다. 하지만 이웃하는 노량진과 샛강 하나를 사이에 두고 있는 여의도는 사람들의 머릿속에 상상되는 그런 섬은 아니다. 여의도는 금융, 방송, 정치의 일번지로 거대한 빌딩 숲과 바쁘게 움직이는 샐러리맨이 있는 곳으로 섬보다는 육지로써의 기능에 더 충실한 섬이다.

서울의 섬은 여의도 하나만 있는 것은 아니다. 매우 많다. 아니, 매우 많았었다. 현재 남아 있는 섬으로는 선유도, 밤섬, 노들섬이 있다. 섬에서 육지가 되거나 아예 사라진 섬으로는 난지도, 저자도, 뚝섬, 잠실섬, 부리도, 반포섬, 무동도, 무학도가 있다. 여기에 인공으로 조성된 서래섬이 있고, 2011년에는 한강에 플로팅 아일랜드라는 세 개의 섬이 더 추가되었다.

신선이 노닐던 그곳, 선유도

한반도에서 선유도(仙遊島)로 알려진 동일한 이름의 섬은 두 곳이다. 하나는 서울 한강에 있고, 다른 하나는 전라북도 고군산군도에 있다. 선유도는 '신선이 놀던 섬'이란 뜻으로 그만큼 풍경과 경치가 좋아 풍류를 즐기기에는 더할 나위 없는 곳이라는 의미이다. 그러나 서울의 선유도는 넙치처럼 납작하게 엎드려 있는 모습이 좀처럼 풍류를 즐기기에는

어울리지 않은 모습이다. 그러나 지금의 모습으로 판단하기에는 이르다. 한강의 선유도를 제대로 알려면 고려시대로 거슬러 올라가야 한다.

선유도에는 선유봉이라 불리는 산이 있었다고 한다. 이 산의 봉우리가 고양이를 닮았다고 해서 괭이산이라 불리기도 했다. 선유도와 인접한 양화나루 사이에는 백사장이 있었고 수심도 낮아 주변의 난지도, 잠두봉의 절경과 더불어 강상에 배를 띄워 시와 그림, 취흥과 풍류를 즐기기에 이만한 곳이 없었다. 조선시대에는 세종대왕의 형인 양녕대군이 이곳에 영복정(榮福亭)을 짓고 한가로이 말년을 보내기도 했다.

지금은 선유도에서 선유봉을 볼 수 없지만, 대략적인 위치는 선유도와 양화대교가 만나는 지점일 것으로 생각된다. 당시의 선유봉을 상상하려면 조선시대 화가 겸재 정선(謙齋鄭敾)의 그림을 보면 선유봉이 어떠했는지 알 수 있다. 그는 1741년에 선유봉을 배경으로 한 진경산수화 세 편을 그렸다. 양화환도(楊花喚渡), 금성평사(錦城平沙), 소악후월(小岳後月)이 바로 그것이다. 이 중 양화환도에는 선유봉이 큼지막하게 그려져 있다.

금성평사

소악후월

양화환도

이러한 선유도는 여러 문헌에 종종 등장하는데, 양천지역의 기록서인 1899년 양천군읍지에 의하면 국문학사에서 가장 오래된 고조선의 시가인 공무도하가(公無渡河歌) 연원지가 이곳이라는 설이 있다.

公無渡河 (공무도하) / 저 님아 물을 건너지 마오
公竟渡河 (공경도하) / 임은 그예 물을 건너셨네
墮河而死 (타하이사) / 물에 쓸려 돌아가시니
當奈公何 (당내공하) / 가신님을 어이 할꼬

이러한 선유도가 지금의 모양으로 전락한 것은 일제강점기 때부터였다. 선유봉은 암석으로 이루어진 산으로 일제가 민족정기말살을 필두로 한강치수사업을 한다며 선유봉을 채석하여 한강의 제방을 쌓기 시작하였다. 해방 뒤에도 도시개발과 양화대교의 건설로 그 아름답던 선유봉은 역사 속으로 사라지게 된 것이다. 더욱이 1978년 이곳에 정수장이 건설되면서 더 이상 사람의 발이 닿지 않는 곳이 되어버렸다.

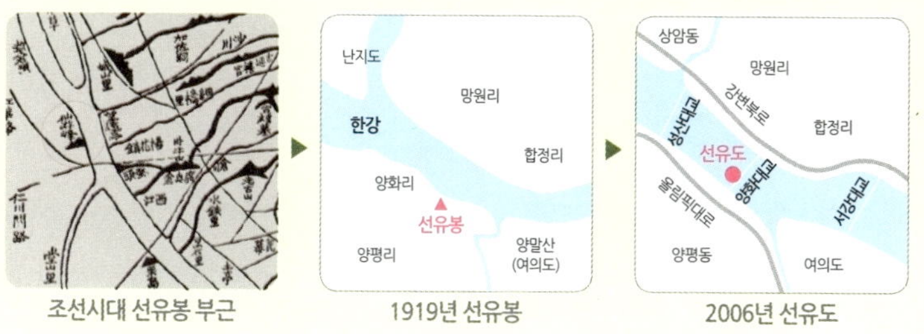

조선시대 선유봉 부근   1919년 선유봉   2006년 선유도

지금의 선유도는 선유도공원이라 부른다. 2000년에 선유도의 정수장이 폐쇄된 후, 서울시는 이곳을 재활용생태공원이라는 이름으로 탈바꿈을 시도하였다. 선유도와 한강공원을 연결하는 선유교를 만들어 시민들이 편하게 선유도를 찾을 수 있게 하였고, 폐정수장을 그대로 활용한 생태공원과 정원, 온실, 한강역사관 등을 만들어 2002년 시민공원으로 개장하였다.

선유도에서 선유도 재활용생태공원으로

선유도를 따라 다니는 수식어 중에 '국내 최초 재활용생태공원'이라는 말이 있다. 선유도를 이어 난지도는 '하늘공원'으로, 뚝섬 경마장은 '서울숲'으로, 신월 정수장은 '서서울호수공원'으로, 드림랜드는 '북서울꿈의숲'으로 바뀌었다.

재활용생태공원이란 새로이 무엇을 더 짓거나 개발하지 않은 채로 기존의 시설물을 최대한 이용하여 만든 공원을 말한다. 새 구두를 사 신으면 기분은 좋지만 발에 길들여지는 데에는 시간이 걸린다. 마찬가지로 새로 만들어진 공원은 없는 것보다는 낫지만, 뭔가 인공적인 냄새가 난다. 잔디는 듬성듬성 심어져 있고, 쉴만한 나무그늘도 찾아보기 힘들다. 공원이 제대로 휴식의 공간으로 제 모습을 갖추려면 10년 이상의 시간이 걸린다. 하지만 재활용생태공원은 그런 시간적인 낭비를 할 필요가 없다. 원래의 나무, 건물 들을 그대로 활용하기 때문이다. 선유도의 송수펌프실은 전시관이 되었고 대형 물탱크는 화장실, 놀이터, 원형

 우리 아이에게 꼭! 알려주고 싶은 대한민국

극장이 되었다. 물의 불순물을 여과시키는 침전지는 시간의 정원이 되었고, 정수된 물을 담아두던 정수지는 기둥만 남긴 채 담쟁이덩굴과 어우러져 녹색기둥의 정원이 되었다. 아이들이 마음 놓고 물장구를 칠 수 있는 환경 물놀이터와 자연적인 방법으로 물의 불순물을 걸러내는 수생식물원 등을 만들었다.

선유도에서 한강 바라보기

유유히 흐르는 한강은 지친 도시인에게 잠시나마 여유를 안겨준다. 서늘한 강바람이 살짝 스쳐 불어온다면 그 누군가를 생각하기에 좋은 분위기를 만들어 준다. 서울에 한강이 없었다면 아마 아무도 이곳에 살려고 하지 않았을지도 모를 일이다.

선유도에서는 한강을 바라보기 좋은 곳이 몇 군데 있다. 먼저 한강공원에서 선유도공원으로 이어진 선유교를 건널 때 한강을 바라볼 수 있다. 다리의 폭이 좁고 중앙으로 갈수록 높아지는 아치형 구조이기 때문에 그 위에서 한강을 내려다보면 아찔하다. 그래도 다른 곳에 비해 높다보니 한강뿐만 아니라 주변을 두루 살펴볼 수 있다. 특히, 가을에는 선유교 아래 한강변에는 갈대숲이 무성하고, 야간에 선유교는 오색의 무지개다리로 변신한다.

선유교를 건너면 바로 전망대가 나온다. 이곳에서는 서해로 흘러가는 한강을 바라볼 수 있다. 왼쪽을 바라보면 성산대교가 보이고 그 뒤로 멀리 월드컵경기장과 하늘공원이 보인다. 성산대교와 선유도 사이에는 월드컵분수라는 대형 분수가 있다. 높이 100m를 자랑하는 동양 최대의 분수이다. 한여름에는 분수의 물줄기에 반사된 무지개가 한강 위에 만

갈대숲과 선유교

선유도공원의
한강전망대와 잠망경

들어 지기도 한다. 월드컵분수는 4월에서 10월까지 하루 두 번 가동한다. 오전 11시, 오후 5시에 가동하여 2시간 동안 볼 수 있다. 매주 월요일에는 정비 관계로 가동이 되지 않고, 날씨가 좋지 않으면 역시 가동하지 않는다.

이 전망대에는 특이한 시설이 하나 있다. 바로 잠망경이다. 일반적인 전망대에서는 쌍안경이 있지만 이곳에는 잠망경이 있다. 잠망경을 이용하면 현재 위치에서 조금 더 높게 주변을 조망할 수 있다. 더불어 잠망경의 특성상 360°로 조망할 수 있는 장점도 있다. 단순히 눈으로 보는 것이 아니라, 잠망경 내의 모니터가 내장되어 있어 주변의 다양한 정보를 함께 표시해주기도 한다. 이 잠망경은 디지털 시대의 새로운 볼거리이자 즐거움이 된다.

여기서 하늘공원 이야기를 해야 할 것 같다. 하늘공원은 2002년 한일 월드컵이 치러진 상암동 월드컵경기장 옆에 조성된 다섯 개의 월드컵공원 중 하나이다. 모두 난지도에 조성된 공원이다. 난지도는 지도상에서 사라진 한강의 섬이다. 서울이 한창 산업화의 길을 걷고 있을 때 이곳은 서울의 모든 쓰레기가 몰리는 매립장이었다. 그 쓰레기들이 산을 이루어 높이가 거의 100m에 다다랐다고 한다. 난지도(蘭芝島)는 원래 섬으로 난꽃과 영지가 자란다고 해서 그 이름이 붙여진 곳이다. 쓰레기가 매립되기 전에는 신혼여행지로 각광을 받을 만큼 아름다운 곳이었다. 지금의 하늘공원, 노을공원은 쓰레기더미 위에 있는 것이다.

난지도는 월드컵을 계기로 환경에 대한 심각성을 알리고자 이곳을 생태공원으로 조성하게 된 것이다. 2020년까지 안정화 작업을 거친다고 하니 두고 볼 일이겠지만, 100m가 되는 쓰레기 산을 겉만 덮어 놓았다고 그 안의 쓰레기가 사라지는 것은 아닐 것이다.

선유정에서 바라본 마포

전망대에서 선유도 북쪽 산책로를 따라 걷다보면 카페테리아 '나루'를 만난다. 이곳 역시 재활용된 건물로 한강물을 끌어 올리던 취수펌프실이었다. 탁 트인 유리창 너머로 한강과 강 너머 마포 도심을 조망할 수 있다. 참고로 선유도 내에는 매점이나 자판기가 없다. 이 카페테리아가 그 역할을 대신한다.

우리 아이에게 꼭! 알려주고 싶은 대한민국

카페테리아에서 동쪽으로 조금 더 걸어가면 선유정이라는 정자가 나온다. 정자에 올라 시원한 강바람을 벗삼아 연인과 담소를 나누거나, 앉아 쉬면서 책을 읽기도 한다. 원래 선유도의 선유봉에는 정자가 있었다고 한다. 그러나 선유봉이 사라지면서 같이 사라지게 된 것을 이곳에 새로 지은 것이다.

디자인서울갤러리(한강역사관)

선유정 앞쪽에는 디자인서울갤러리가 있다. 당초 한강의 역사와 유로(流路), 한강의 동식물과 생태계, 한강변 문화유적, 상수도 관련 기념물 등을 소개하는 한강역사관이었는데 언제부터인지 서울디자인갤러리로 그 이름이 바뀌었다. 이름이 바뀌었어도 한강과 관련된 역사 소개와 전시는 그대로 하고 있다. 한강역사관은 09시~18시까지 개방된다.

전시관은 옛 취수펌프실을 그대로 활용하였다. 지하에는 당시 사용했던 취수펌프를 남겨두어 이곳이 취수를 하던 건물이었음을 짐작하게 한다. 한강의 교통수단이었던 황포나룻배도 원형을 복원하여 전시되어 있으며, 다양한 멀티미디어 기술을 활용한 디지털 전시도 눈길을 끈다. 디자인서울갤러리는 선유도공원 외에도 서울숲, 북서울꿈의숲, 월드컵공원, 어린이대공원, 동대문디자인프라자 등에도 있다.

전시실에 그대로 남겨둔
취수펌프

강원도 영월군 한반도면 옹정리

오간재 | 선암마을 | 영월 책박물관 |
배일치마을 | 곤충박물관 | 선돌

YeongWol-Gun

한반도 속의 또 다른 한반도
오간재

오간재에서 바라 본 선암마을

선암마을

강원도 영월 서강을 끼고 있는 아름다운 강변마을이 있다. '엄마야, 누나야 강변살자'라는 동요에 나옴직한 그런 마을이다. 마을 이름도 예쁘고, 아직 세상의 때가 덜 묻은 그런 곳이다. 아니, 세상의 때가 묻는 것을 거부하고 있는지도 모른다. 선암(仙巖)마을은 한자어에서도 알 수 있듯이 신선이 노닐던 바위를 말한다. 마을 앞 강 건너에는 서강이 굽이쳐 흐르며 만들어낸 절벽이 웅장하게 버티고 있다. 이 절벽이 선암이고 절벽 앞 마을이 선암마을이다. 즉, 신선이 이곳에서 마을을 내려다보며 지켜주는 것 같은 느낌이 저절로 든다. 선암마을에는 고려 때 선암사라는 절이 있었다고 하는데 지금은 그 자취를 찾아 볼 수가 없다.

선암마을의 행정구역상 명칭은 강원도 영월군 한반도면 옹정리이다. 원래는 서면(西面)이었으나, 2009년 10월에 한반도면(韓半島面)으로 그 이름이 바뀌었다. 명칭이 남다르기도 하거니와 부르기에도 아직 익숙하지 않다. 하지만 무엇인가 친숙한 느낌을 받는다. 한반도면으로 명칭을 바꾼 것은 서면에 한반도 모양을 닮은 지형이 있기 때문이다. 한반도면은 지리적인 특성을 관광상품화 하기 위한 영월의 정책이다. 영월에는 한반도면보다 독특한 명칭이 하나 더 있다. 바로 김삿갓면이다. 한반도면과 같은 시기에 영월군 하동면(下東面)을 지역관광 활성화 차원에서 김삿갓면으로 바꾸었다. 이곳에는 조선후기 방랑 시인으로 잘 알려진 김삿갓의 묘와 생가가 있다.

오간재에서 바라 본 한반도 지형

선암마을과 한반도

영월은 서강과 동강이 만나는 곳으로 이 두 물줄기가 합쳐져 한강으로 흐른다. 한 때 동강은 댐 건설로, 서강은 쓰레기처리장 건설이 계획된 곳이었다. 이 두 가지의 사안이 환경보전이라는 문제로 인해 전면 백지화 되었다고 한다. 동강댐은 지역주민과 거의 10년(1991~2000)간 대립하면서 언론에도 많이 나왔다. 그러다보니 많은 사람들에게 알려졌고, 수려한 경관과 굽이굽이 흐르는 세찬 물결을 지니고 있어 래프팅의 명소로 자리 잡아갔다. 하지만 서강은 사정이 좀 달랐다. 동강의 이슈에 묻혀 서강의 쓰레기처리장은 건설될 위기에 처해진 것이다. 더욱이 쓰레기처리장이 건설될 곳은 서강 상류에 건설될 예정이어서 그 하류에 있는 여러 마을의 생존위협과 환경파괴가 불 보듯 뻔히 보이는 일이었다. 1999년 12월 눈이 내린 어느 날, 선암마을의 한 주민과 사진작가 한 분이 오간재에 올라 서강의 한반도 지형을 발견하게 되면서 쓰레기처리장 건설은 일대 위기를 맞게 되고, 이 때 찍은 사진 한 장으로 전 국민의 호응을 얻게 되어 쓰레기처리장 건설도 동강댐 건설과 마찬가지로 백지화 되었다.

아이에게 알려주고 싶은 한마디

사람들이 살아가고 있는 모든 것을 환경이라고 한다. 환경은 자연적으로 만들어진 것이 있고, 사람들이 필요에 의해 만들어 낸 것으로 구분할 수 있다. 자연이 만들어 낸 환경은 인간뿐만이 아니라 지구상에 존재하는 모든 동식물이 살아갈 수 있는 매우 좋은 조건을 갖추고 있다. 그러나 사람들이 필요에 의해 만드는 환경은 단시간 적으로는 도움이 될지는 모르지만, 시간이 지날수록 인간뿐만 아니라 다른 동식물에게도 피해를 주게 된다. 사람들은 이것을 '개발'이라는 명분으로 수행하기를 좋아한다. 하지만 '개발'이 가지는 의미를 제대로 알지 못하는 것 같다.

'개발(開發)'은 무엇인가를 더 좋은 쪽으로 발전시켜 향상된 상태로 변화시키는 것을 의미하는 말이다. 지금은 자연환경을 파괴하는 말이 되어버린 지 오래고 대부분이 그렇게 생각한다. 예를 들어, '토지개발'이라는 것은 쓸모없는 땅을 보다 쓸모 있는 것으로 바꾸거나, 원래의 자연상태로 되돌리는 것을 의미한다. 그러나 사람들은 이러한 생각을 가지고 토지를 개발하지 않는다. 서강 상류에 쓰레기처리장을 건설한다는 것은 자연을 훼손하는 일이기도 하지만, 강 하류의 모든 환경을 파괴하는 것이 된다. 다른 예로, '자기개발'이 있다. 자기 자신을 개발하여 지금보다 더 나은 자신으로 향상되어 가는 것을 말한다. 이것은 누군가에 의해 되는 것은 아니다. 나이가 먹으면서 자연스럽게 개발되거나 자기 스스로가 자신을 개발하게 되는 것이다. 만약 어느 누군가의 의지에 의해 사람들을 개발한다면 그것은 사람이 아니라 로봇과 같을 것이다. 이런 로봇형 인간은 누군가에게 늘 조종당하고 복종하게 된다. 자신을 지키려면 스스로 자신을 개발하는 것에 소홀하지 말아야 한다.

오간재에서 바라 본 한반도

오간재는 선암마을을 한 눈에 바라볼 수 있는 고개이면서 굽이 흐르는 서강의 절벽이다. 이곳에 오르면 서강이 만들어 낸 한반도 지형을 볼 수 있다. 지형이 한반도와 비슷하게 생긴 것뿐만 아니라, 동고서저(東高西低)의 지형으로 서해의 갯벌이 드넓은 모래사장으로, 동해의 백두대간이 절벽으로 묘사된다. 보는 이에 따라 동해의 울릉도

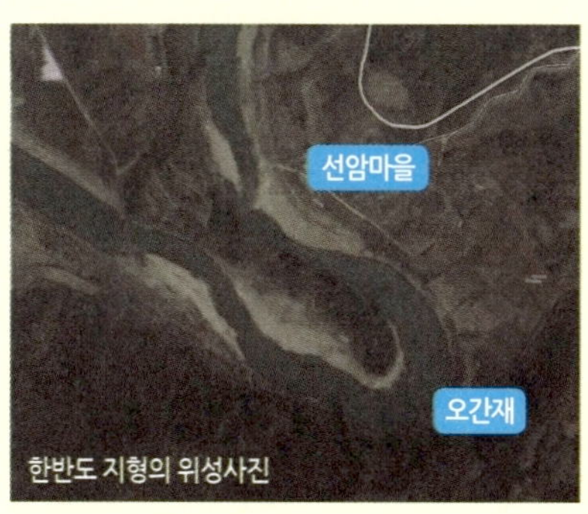

오간재에서 바라 본
서강의 뗏목

와 독도도 표현된다고 한다. 한반도 지형은 반드시 오간재 전망대에서 바라봐야 한반도로 보인다. 조금이라도 다른 각도나 위치에서 보면 우리의 머릿속에 그려진 한반도와 다른 모양을 하고 있을 것이다.

오간재가 사람들에게 알려지기 시작한지는 그리 오래되지 않았다. 이곳의 사진이 세상에 공개된 지 이제 겨우 10년 정도 되었을 뿐이다. 또한 영월의 강물만큼이나 구불구불한 지방도로로 이곳까지 온다는 것은 쉬운 일만은 아니다. 그래도 영월에 들르거나 지나치는 일이 생기면 들러보라고 권하고 싶다. 필자가 방문한 2010년에는 오간재 입구까지 새로 아스팔트길이 나 있었다. 다만 주차장이 별도로 없어 길가에 주차를 해야 하는 불편함이 있었다.

오간재 입구에서 오간재전망대까지는 600m 정도의 거리이다. 비교적 평탄한 소나무 숲길이기 때문에 왕복 1.2km 트래킹을 한다는 가벼운 생각으로 다녀올 수 있다. 오간재로 가는 길 중간에는 선암마을로 내려가는 길이 오른쪽으로 나온다. 오간재에서 한반도 지형을 바라보는 것에 만족하지 않고 직접 한반도 지형을 밟아보려면 뗏목을 타고 한반도 지형에 들어 갈 수 있다. 원래는 섶다리가 있었다. 섶다리는 나무와 솔가지로 만든 임시다리이다. 여름에 물이 불면 당연히 떠내려간다. 섶다리가 없으면 줄배를 이용해 강을 건넌다. 줄배는 강 양쪽에 줄을 걸어두고 배에서 줄을 잡아당기며 이동하는 배이다. 필자가 방문했을 때에는 줄배와 뗏목으로 한반도 지형을 갈 수 있었다.

오간재전망대에 오르면 한반도 지형과 이웃하고 있는 선암마을을 한눈에 볼 수 있다. 그 멋진 광경을 눈앞에 두고 사람들은 저마다 한 마디씩 하고 간다. 바로 한반도 지형 뒤쪽에 있는 시멘트공장이 눈에 가시처럼 솟아있기 때문이다. 그러나 어쩔 수 없는 일이다. 이러한 시멘트공장은 영월, 특히 한반도면에 많이 있다. 한반도면을 이루고 있는 광전리, 옹정리, 쌍룡리는 석회암지층인 카르스트 지형이 매우 잘 형성된 곳이기 때문이다. 오죽했으면 우리가 잘 알고 있는 쌍룡시멘트가 이곳의 지명이겠는가? 시멘트공장은 지금까지 영월의 지역경제를 이끌어 왔기에 이곳을 방문한 방문객들이 뭐라 할 수 있는 입장은 아니다. 사람들의 이러한 불평은 여기서 그치지 않고 그들이 찍은 사진에서도 표현된다. 한반도 지형을 찍은 일부 사진들을 보면 시멘트공장을 지워버리는 경우가 있다. 디지털사진이기 때문에 가능한 일이기도 하지만, 볼품없는 시멘트공장을 지워버리는 자기만족이기도 하다. 하지만 필자는 시멘트공장을 삭제할 생각이 없다. 모두가 시멘트공장이 없는 사진을 만든다면 그조차도 현실을 외면하고 보기 좋은 것만 추구하는 결과를 만들어 낸다

고 생각하기 때문이다. 또한 있는 것을 굳이 없앤다고 그 자체가 바뀌는 것도 아니기 때문이다. 언젠가 이곳의 시멘트가 바닥을 드러내면 저 시멘트공장도 사라지고 자연환경으로 되돌아 갈 것이다. 그때 가서 시멘트공장이 없었던 사진만 남게 된다면 사람들은 아무것도 모른 채 당연하다고 생각할 것이다.

석회암(石灰岩) 지역에 잘 나타나는 카르스트 지형은 이탈리아와 슬로베니아의 경계에 있는 카르스트 지방의 전형적인 지형으로 그 지역의 이름을 따서 부르게 되었다. 카르스트 지형의 가장 큰 특징은 시멘트의 원료가 되는 석회암이 빗물과 지하수에 의해 쉽게 녹으면서 지하에 동굴을 만든다는 것이다. 이러한 동굴을 석회암동굴이라고 한다. 영월의 대표적인 석회암동굴로 일반인에게 개방된 곳은 고씨동굴이다. 영월군 김삿갓(하동)면 징별리에 있는 이 동굴은 4억 년 전에 형성된 것으로 동굴 안에는 4개의 호수와 3개의 폭포, 10개의 광장이 있다. 임진왜란 당시 왜병과 싸운 고씨일가가 피신했던 곳이라 하여 그 이름이 붙여졌다. 1969년부터 천연기념물 219호로 지정되어 보호되고 있다.

선암마을과 주변

영월은 박물관의 고장이다. 선암마을에서 가장 가까운 박물관은 책박물관이다. 오간재에서 약 6km 거리에 있다. 88번 지방도와 오간재로 가는 길 삼거리의 작은 폐교를 책박물관으로 리모델링한 것이다. 그러나 2008년부터 휴관상태이다. 나중에 책박물관 홈페이지에 들어가 보니 1999년부터 2004년까지 크고 작은 행사들을 많이 해왔다는 것을 알 수 있었다. 필자는 책박물관의 아쉬움을 뒤로 한 채 폐교를 나서면서 왜 이런 박물관이 계속 운영되지 못하고 휴관할 수밖에 없는지 잠시나마 생각해보았다.

그것은 아마도 개인의 신념으로 극복하기에는 너무나 힘든 사회적 현실 때문일 것이다. 비록 박물관은 현재 운영되고 있지 않지만, 폐교된 작은 학교의 정취를 나름 느낄 수 있는 그런 곳이라는 생각이 든다. 이 책이 발간 된 후, 박물관이 다시 개관할지도 모르니 웹사이트나 영월군 관광안내사이트를 통해 사전에 확인하고 일정을 잡자.
영월 책박물관(www.bookmuseum.co.kr) / 영월관광안내(www.ywtour.go.kr)

 우리 아이에게 꼭! 알려주고 싶은 대한민국

배일치마을 입구에 세워진
희학적인 장승들

책박물관 앞 88번 지방도로는 영월 시내와 이어져 있다. 이 도로를 따라 영월 방면으로 가다보면 배일치마을이 나온다. 마을 이름이 예사롭지 않다는 느낌이 든다. 배일치마을 입구에는 특이한 모양을 한 장승들이 서 있어 쉽게 찾을 수 있다.

'배일치'라는 지명은 단종이 영월로 유배를 올 때, 이곳에 있는 재를 넘다가 서산으로 기우는 해를 보고 절을 했다고 해서 얻은 이름이다. 그 뒤로 이곳의 고개를 배일치재라 하고, 재 앞에 있는 마을의 이름을 배일치 마을로 했다고 한다. 현재 88번 지방도는 배일치재를 넘어가지 않고 그 아래 새로 뚫은 배일치 터널을 지난다.

배일치마을에서 영월로 가다가 평창으로 갈라지는 삼거리를 만나게 된다. 삼거리를 지나면 우측으로 곤충박물관을 만나게 된다. 책박물관에서 10km 거리에 있다. 책박물관처럼 폐교를 리모델링하여 박물관으로 개관한 것이다. 영월을 지나갈 때 이 길을 몇 번 지나친 기억이 있다. 곤충박물관은 길 바로 옆에 있었지만, 겉으로 보기에는 그냥 학교처럼 보였기 때문에 눈에 들어오지 않았던 것 같다. 교문을 들어서면 학교 운동장과 적벽돌로 리모델링한 아담한 교사가 나온다. 얼핏 보기에는 새로 지은 듯 보이지만, 내부로 들어가면 이곳이 학교였음을 쉽게 짐작하게 해준다. 복도의 나무 바닥은 폐교의 지나온 세월을 말해주는 듯 반질반질 윤이 나 있었다. 초등학교 시절에 손걸레를 들고 교실과 복도 나무 바닥에 윤을 낸 기억이 아렴풋이 떠오른다. 복도의 오른편에는 세 개의 전시실이 있는데 누가 보더라도 교실크기만 하다라는 것을 알 수 있다.(곤충박물관 – www.곤충박물관.kr)

곤충박물관 입구에 세워진
대형 곤충 모형

박물관 입구에는 대형 곤충 모형이 세워져 있다. 풀잎에 앉은 메뚜기를 노려보고 있는 사마귀, 소똥 대신 쇠구슬을 굴리는 왕소똥구리, 전봇대에 붙어 있는 매미들이 인상적이다. 사마귀, 메뚜기, 매미는 여전히 쉽게 찾아볼 수 있는 곤충이지만, 왕소똥구리는 필자도 한 번도 본 적이 없는 곤충이다. 곤충박물관을 안내하는 책자에는 왕소똥구리에 대해 다음과 같이 소개하고 있다.

이제 왕소똥구리는 우리 곁을 영영 떠나갔습니다. 알을 낳기 위해 경단을 만들어 굴리던 정겨운 모습을 이 땅에서는 더 이상 찾아 볼 수가 없게 되었습니다. 새끼를 기다리는 소똥구리의 꿈은 끝내 이루어지지 못했고, 그들을 지켜주지 못한 우리는 후손들에게 아무런 할 말이 없습니다.

영월 곤충박물관은 2002년 5월에 폐교된 문포초등학교를 곤충박물관으로 리모델링하여 개관한 것으로 이대암 교수가 30여년 걸쳐 채집한 국내외 곤충표본 2,000여점이 전시되고 있고, 나비 온실에서는 관람객이 곤충과 직접 호흡할 수 있도록 했다. 또한 박물관 부설 연구기관인 곤충자연생태연구센터에서는 멸종위기에 처한 두점박이사슴벌레, 붉은점모시나비, 물장군 등의 희귀곤충을 인공으로 증식하고 있다.

박물관은 다섯 개의 전시실로 구성되어 있다. 1, 2, 3 전시실에는 곤충의 표본을 전시하고 있다. 1 전시실에서는 나비 및 나방류를 전시하고, 2 전시실에서는 갑충 및 잠자리를 전시하고 있으며, 3 전시실에서는 영월 및 동강의 곤충을 전시하고 있다.

곤충박물관을 지나 영월 방면으로 조금만 가다보면 고개를 하나 넘게 되는 데 이곳에 주차장이 있다. 이곳에 차를 잠시 세우고 100m 정도 걸어가면 서강이 만들어 낸 또 하나의 비경인 선돌을 볼 수 있다. 선돌은 영월읍 방절리 서강변에 위치한 절벽 중에 높이 70m의 층암절벽이 두

선돌과 서강 _ 봄

눈 덮인 선돌과 서강 _ 겨울

 우리 아이에게 꼭! 알려주고 싶은 대한민국

동강난 것처럼 쪼개져 있는 입석을 말한다. 선돌은 신선암이라고 하는데, 선돌조망대에서 내려다보는 풍경은 마치 신선이 바라보는 경치와 같다고 해서 붙여진 이름이다. 또한 이곳은 영화「가을로」의 촬영지이기도 하다. 선돌바위 전망대에서 바라보는 한겨울의 서강은 강바닥이 훤히 비칠 정도로 맑고 푸르다. 그 강 건너에는 작은 마을이 하나 있고 우측으로 한반도 지형의 농경지가 관람객의 시선을 이끈다. 선돌 조망대에서 바라본 풍경은 선돌과 서강이 어우러진 한 폭의 동양화를 보는 듯하다.

선돌 아래에는 깊은 소(沼)가 있고, 그 안에 자라바위가 있다고 한다. 전설에 따르면 선돌 아래 남애마을의 장수가 적과 싸우다 패하자 이곳에 투신하여 자라바위가 되었다고 한다. 그 때부터 선돌을 바라보며 소원을 빌면 한 가지씩 이루어진다는 설화가 전해진다. 또한 38번 국도가 개통되기 전까지는 선돌 밑으로는 목탄차가 지나다니던 길이 있었다고 한다.

망원렌즈를 가지고 있다면 흰 눈이 덮인 캔버스에 동물 발자국이 만들어 낸 그림을 사진에 담을 수 있다.

스마트폰으로 오간재 찾아가기 >>

오간재 QR코드

울산광역시 울주군 서생면 대송리

간절곶 | 소망우체통 | 등대

간절한 마음을 전하는
간절곶

Ulju-Gun

간절곶 바닷가에 있는 두 개의 빨간색 벤치

동북아시아의 첫 해가 뜨는 곳

사람들은 새해의 첫 일출을 바라보면서 지난 한 해를 마무리 짓고 새로운 한 해를 준비한다. 그래서 사람들은 새해의 첫 일출에 저마다의 의미를 부여한다. 그것을 하나의 단어로 표현한다면 희망이다. 희망이 있기에 새해의 일출을 보면서 마음속으로 기원하는 것이다.

새해의 일출을 보기 위해 찾는 대한민국의 명소는 매우 많다. 해수욕장하면 부산의 해운대가 떠오르듯이 새해의 해돋이 명소를 꼽으라면 간절곶을 말한다. 하지만 필자에게 간절곶은 동해의 정동진, 추암, 호미곶, 제주의 성산일출봉에 비해 다소 생소한 곳이다. 그러나 다른 어떠한 곳보다 새해에 가장 많은 사람들이 모여 한 해의 바람과 희망을 간절히 기원하는 곳이다. 여기에는 대한민국, 나아가 동북아시아 대륙에서 가장 먼저 해가 뜨는 곳이라는 이유가 있다. 필자는 지인의 소개로 이곳을 찾게 되었다. 서울에서 가기에는 정말 머나먼 길이다.

간절곶의 일출은 정동진의 일출보다 5분 빠르다. 또한 포항 호미곶의 일출보다 1분 빠르다. 그래서 새천년이 시작되는 2000년 1월1일에 가장 많은 사람들이 모여 새해와 새천년을 맞이한 곳이다. 간절곶의 일출은 울산 12경 중 하나이다.
간절곶(www.ganjeolgot.org) / 울산관광가이드(guide.ulsan.go.kr)

울산 12경

제1경 - 가지산 사계	제7경 - 울산체육공원
제2경 - 간절곶 일출	제8경 - 반구대
제3경 - 강동 · 주전 해안 자갈밭	제9경 - 신불산 억새평원
제4경 - 대왕암 송림	제10경 - 작괘천
제5경 - 대운산 내원암 계곡	제11경 - 태화강 선바위와 십리대밭
제6경 - 무룡산에서 본 울산공단 야경	제12경 - 파래소 폭포

간절한 마음을 전하는 소망우체통

간절곶이 유명한 이유는 지리적인 특징뿐만 아니라, 지명도 한 몫을 한다. 해돋이를 바라보며 무엇인가 기원을 할 때 간절한 마음을 가질 것이다. 어쩌면 간절곶의 이름은 이러한 사람들의 마음을 대변해주는 것이라 할 수 있을 것이다. 그러나 지명이 가지고 있는 원래 의미는 사뭇 다르다.

먼 바다에 나가 이곳을 바라보면 긴 간짓대처럼 보인다고 한다. 간짓대는 장대를 의미한다. '간짓'을 한자어로 표기하다보니 '간절'이 된 것이다. '간'은 짓대를 의미하고 '절'은 길다의 방언이다. 곶은 육지가 바다 쪽으로 돌출한 부분을 일컫는 순 우리말이다. 따라서 간절곶은 바다로 길게 돌출된 부분을 의미한다 할 수 있다.

지명의 원래 의미가 어떠했건 간에 지금의 간절곶은 사람들의 간절한 소망을 기원해주는 곳이다. 이러한 소망을 전해주고자 이곳에는 대형 우체통이 서 있다. 1970년대의 추억을 회상하게 하는 빨간색과 초록색으로 된 이 우체통은 높이가 무려 5m에 달하니 사람 키의 세 배는 된다. 이곳을 방문한 관광객들은 거대한 우체통 앞에서 사진을 찍느라 분주하다. 그러다 이내 궁금함을 참지 못해 우체통 안으로 들어간다. 우체통 안에는 엽서가 비치되어 있고, 엽서에 저마다의 소망을 적어 우체통에 넣는다. 엽서는 두 종류로 소망엽서와 우편엽서가 있다. 소망엽서는 실제로 배달되지 않는 상징적인 의미로 울산광역시에 접수되고, 우편엽서만 수취인에게 배달된다. 이 우체통은 2006년 12월부터 운영하기 시작하여 2009년 말까지 15만장의 엽서가 우체통에 담아졌다고 한다. 이메일이나 휴대폰 문자에 익숙해진 요즘 이러한 우체통이 삭막해진 인간관계에 따스한 정을 유지해주는 가교역할을 하고 있지 않나 생각한다. 2011년 10월 현재 우편엽서는 240원이다.

간절곶의 우체통

여행을 할 때만이라도 아날로그가 되자. 여행 자체는 아날로그다. 하지만 여행을 떠나기 위해 가지고 다니는 것은 대부분 디지털이다. 휴대폰, 노트북, 디지털카메라..., 잔잔한 분위기의 사색을 할 수 있는 곳에서 휴대폰이 울린다면 여행의 기분을 망치게 된다. 굳이 사진을 찍어야 한다면 오래된 필름카메라를 들고 다니는 것도 좋은 방법이다.

여행을 제대로 즐기려면 엽서와 펜을 꼭 휴대하자. 언제 어느 곳을 가더라도 우체통은 쉽게 발견할 수 있다. 그곳에서 잠시 자신을 생각하고 여행에 대한 이야기를 적어 가족이나 지인에게 보내보자. 가끔은 이런 아날로그적인 행동이 디지털시대를 살아가는 우리들에게 아련한 향수를 불러일으키게 할지도 모를 것이다.

간절곶등대

간절곶에는 꽤 오랜 된 등대가 하나 있다. 보통 항구 입구의 방파제에 세워진 키 작은 등대와는 달리 나지막한 언덕 위에 듬직하게 세워져 있다. 1920년부터 바다에 불을 밝히기 시작했으니 나이가 90살이나 된 등대이다. 2000년도에 조형등탑을 교체하긴 했지만 여전히 건장하다. 이전 조형등탑은 등대 앞에 전시되어 있고, 등대 옆에는 등대홍화관이 있다.

간절곶등대는 사람이 들어가 관람할 수 있다. 등내 안쪽에 나선형 계단을 밝고 올라가는 것도 재미있는 일이지만, 꼭대기에서 창밖으로 바라보는 바다와 주변 풍경은 또 다른 분위기를 선사한다. 등대 앞은 바다이고 뒤는 솔숲이다. 유채꽃이 피는 봄에 이곳을 방문하면 노란 물결 위로 솟은 등대를 볼 수 있다. 등대홍보관과 등대 개방시간은 5월~9월은 10시~18시, 10월~4월은 10시~17시이며, 매주 월요일에는 개방하지 않는다.

    우리 아이에게 꼭! 알려주고 싶은 대한민국

간절곶 QR코드

서울특별시 서대문구 현저동
독립문공원 | 독립광장 | 독립문 | 독립관 |
3.1독립선언기념탑 | 서대문형무소 |
서대문형무소역사관

SeoDaeMun-Gu

아픈 역사의 기억이 있는 곳

서대문독립공원(西大門獨立公園)

서대문형무소 역사관
형무소 건물에 걸린 대형 태극기 ⓒ 최경윤

민족의 얼

월드컵, 올림픽과 같은 국제경기에서 우리나라 사람의 승전을 들으면 눈시울이 젖어들고 마치 내 자신이 경기를 이긴 것처럼 진한 감동을 받는다. 그것은 우리나라 사람이 하나의 민족공동체라는 의식을 가지고 있기 때문이다. 민족공동체 의식은 5천년의 역사가 흐르면서 우리 가슴 속에 늘 자리하고 있는 얼이라 할 수 있다. 또한 대한민국을 지탱해 주는 근본이자 힘의 원동력이라 할 수 있다.

하지만, 이러한 감동을 표현할 수 없었던 시기도 있었다. 바로 일제강점기 동안이었다. 일장기를 가슴에 단 손기정 선수가 베를린올림픽(11회, 1936년) 마라톤에서 우승했었음에도 그 기쁨을 함께 나누지 못했다. 뿐만 아니라, 일제는 36년간 우리의 주권을 강탈하고, 민족성을 말살하였으며, 심지어 우리의 찬란한 역사를 왜곡하였다. 그 일제강점기 역사의 중심에는 민족의 독립을 위해 형장의 이슬로 사라져간 선열들의 한이 맺힌 서대문형무소가 있다. 지금은 이곳이 성역화 되어 서대문독립공원 내의 서대문형무소역사관으로 이름이 바뀌었지만, 이곳에 들어서면 그 어떤 말로 표현하기 힘든 숙연함이 느껴진다.

110여 년 만의 개방, 독립문

독립문 사거리, 서대문독립공원 입구에는 독립문이 있다. 필자에게 독립문은 항상 교과서의 사진으로만 각인되어 있었다. 서울에서만 30년 넘게 살았지만, 두 눈으로 직접 볼 기회가 한 번도 없었다. 사진을 찍기 시작하면서 출사지로 독립공원을 찾았을 때, 왜 이곳에 오는데 그리 오랜 시간이 걸렸는지 그 이유를 알 수 있었다. 그것은 늘 말로만 하는 교

독립문광장에서 바라본 독립문
독립문 뒤쪽의 고가도로가 보인다.
원래 이 길 위에 있었다.

육의 현실이 가져다 준 가장 큰 피해였다. 우리는 민족의식, 민족성을 이야기하면서 지척에 있는 독립문을 눈으로 보며 느끼기보다 그 무엇을 위해 경쟁하며 시간을 보냈기 때문이다. 그러니 독립문에 대해 시험에 나오는 내용 외에 실제로 볼 일이 없었던 것이다.

현재의 독립문은 1897년에 지어진 국내 최초의 서양식 건물로 사적 제32호로 지정되어 있다. 독립문은 처음부터 현재의 위치에 있지 않았다. 지금의 독립문 사거리에 있던 것을 성산대로를 만들면서 옆으로 옮겨 놓은 것이다. 독립문 사거리 땅속에는 독립문의 자리임을 알리는 '독립문지'라는 표지판을 묻어 놓았다고 한다.

독립문의 역사적 가치는 매우 높다. 이 가치에 대해서는 여전히 서로 다른 견해들이 존재한다. 일반적으로 중국 청나라의 사신을 맞이하던 사대주의 상징인 영은문(迎恩門)을 헐고, 고종의 대외 독립의지를 표명하고자 서재필을 주축으로 한 독립협회와 국민들이 독립의 소망을 담은 모금을 통해 세운 것이 독립문이다. 우리는 적어도 독립문에 대해 우리

   우리 아이에게 꼭! 알려주고 싶은 대한민국

는 이렇게 알고 있었다. 하지만 독립문 현판은 다른 견해를 말해주고 있다. 독립문의 앞과 뒤의 화강암으로 된 현판은 각각 한글과 한문으로 되어 있는데 이것을 이완용이 썼다고 한다(1994.7.15. 동아일보). 그는 독립협회 위원장을 지냈지만, 후에 대한민국을 일제에 합병시키는 한일합방의 대표적인 인물이라는 것은 누구나 다 알고 있는 사실이다. 이완용이 나중에 변절했을 수도 있었겠지만, 독립협회는 일제강점기(1910~1945년)

독립문의 현판
현판의 화강암이 그리
오래 되어 보이지는 않는다.
ⓒ 최경윤

이전에 만들어진 단체이기 때문에 일제로부터의 독립이 아닌 중국으로부터의 독립을 위해 만들어졌다고 보기도 한다. 더 재미있는 사실은 독립문과 영은문 주초는 각각 사적 제 32, 33호로 지정되어 있는데 이것을 처음 재정한 곳이 조선총독부라는 것이다. 1936년 5월 23일에 고적 제 58, 59호로 지정되었다. 일제강점기 때부터 독립문은 문화재로 관리된 것이다.

독립문에 대한 역사적 의미를 정립하기 위해서는 앞으로도 많은 시간이 필요할 것이다. 한 가지 분명한 것은 2010년 11월에 민족문제연구소에서 발행한 친일인명사전에 이완용이 매국으로 등록되었다는 것이다.

독립문이 가지고 있는 역사적인 관점을 생각하자면 필자도 머리가 아파온다. 하지만 독립문이 민족의 얼을 잇는 하나의 구심이 되어 결과론적으로 일제강점기를 벗어나 광복을 이끄는 상징적인 의미가 아니었나 생각한다. 일제강점기 36년간 꼿꼿하게 서있으며 '독립'이라는 두 글자를 떳떳하게 표명하고 있던 것이 독립문 말고 또 어느 것이 있었겠는가!

그동안 독립문 아래로는 사람이 지나 다닐 수 없었다. 110여 년 만에 개방된 독립문을 내 아이와 함께 걸어가며 대한민국에 대한 자긍심과 선열들의 자주독립에 대한 이야기를 나눠보며 서대문형무소로 걸어가 보자.

서대문형무소역사관

독립문광장의 한편에는 서재필 선생의 동상이 서 있다. 독립문을 등지고 광장을 가로질러 서대문형무소역사관으로 향한다. 가는 길 좌측에 독립관이 보이고, 곧이어 우측에 3.1 독립기념선언탑이 보인다. 이곳을 지나 낮은 언덕을 오르면 TV에서 많이 본 듯한 드높은 담장과 망루를 마주하게 된다. 바로 서대문형무소역사관이다.

독립관은 조선시대 중국 사신들을 접대하던 곳으로 원래 이름은 '모화관(慕華館)'이다. 갑오경장 이후 사용하지 않던 곳을 독립협회가 사무실로 사용하였다. 이 건물 역시 독립문과 같이 인근 지역에 있던 것을 이곳으로 이전하여 복원한 것이다. 지금은 순국선열들의 위패 봉안과 전시실로 사용되고 있다.

독립관

 우리 아이에게 꼭! 알려주고 싶은 대한민국

서대문형무소역사관은 구 서울구치소를 개보수하여 역사관으로 만든
것이다. 서울구치소는 일제강점기에 항일애국지사를 투옥하기 위해 일
제가 설계하고 건축한 감옥이다. 처음에는 경성감옥으로 불리다 마포
구 공덕동에 다른 감옥을 지으면서 서대문감옥으로 바꿔 불렀다. 광복
후, 대한민국 정부는 이 시설을 그대로 서울형무소로 이름을 바꾸어 사
용하였고, 그 뒤로도 서울교도소와 서울구치소로 이름을 바꾸어 사용
하였다. 1987년 서울구치소가 의왕시로 이전하였고, 현재의 건물들은
역사성과 보전가치를 고려하여 일부 옥사를 남겨둔 것이다. 서대문형
무소역사관은 일제강점기 동안 수많은 애국지사들이 이곳에 끌려와
고문당하고, 투옥되었으며, 처형되기도 한 곳이다. 그래서인지 높기만

서대문형무소역사관 입구

한 담장을 바라보고 있으면 왠지 주눅이 들고 저 너머로 들어가면 다시는 나오지 못할 것 같은 느낌이 감싸 돈다.

서대문형무소역사관의 관람료는 1,500원으로 비교적 저렴하다. 망루 아래 매표소에서 입장권을 구입하고 형무소의 녹슨 철문을 지나 역사관으로 들어간다. 마치 형무소에 들어가는 간접적인 체험을 하는 듯하다.

형무소 안으로 들어가면 하얀색 건물과 마주친다. 이곳은 서대문형무소 보안과 청사로 현재는 역사전시관으로 사용되고 있다. 역사전시관을 관람하고 나오면 우측에 나지막한 건물이 하나 보이는데 이곳은 유관순 열사가 투옥된 지하감옥이다. 유관순 열사가 일제의 고문을 당하며 이곳에서 숨을 거두었다고 하니 당시 참혹한 감옥생활을 엿볼 수 있다.

지하감옥

 우리 아이에게 꼭! 알려주고 싶은 대한민국

감방 안에서 바라본 창밖

서대문형무소역사관 - 12 옥사 내부(사적 324호)

역사전시관 오른쪽으로는 잔디밭이 잘 가꾸어져 있다. 마치 이곳이 형무소가 아니라 공원 같은 느낌을 받는다. 하지만 전시관을 끼고 우측으로 돌아서면 적벽돌로 쌓아올린 기다란 2층 건물들이 보이기 시작한다. 이 건물들이 옥사이다. 서대문형무소는 15개의 옥사가 있었는데 개보수를 하면서 역사성과 보존가치가 있는 7개만 남겨졌다. 모든 옥사를 다 관람할 수 있는 것은 아니고 중앙사를 통해 12옥사를 관람할 수 있다. 이곳에는 감방을 개방하여 관람객이 직접 옥사체험을 할 수도 있다. 서대문형무소의 옥사는 영화와 TV 드라마의 단골 촬영소이다. 영화「광복절특사」, 「숨」 등이 이곳 서대문형무소에서 촬영되었다.

12동 옥사를 나와 공작사와 나병사를 둘러본다. 공작사는 작업을 하던 곳이고 나병사는 나병환자를 별도로 투옥하던 곳이다. 나병사 뒤쪽으로는 절벽처럼 높은 적벽돌 담장과 망루가 서 있어 형무소 안의 분위기를 실감케 한다. 나병사를 지나 통곡의 미루나무를 지나치면 등골이 오싹해진다. 바로 사형장과 시구문이 있기 때문이다. 사형장 내부는 들어가 볼 수 없지만 적벽돌로 쌓아올린 사각형의 담장만 보아도 당시의 전율이 전해지는 듯하다. 더구나 애국지사들이 사형을 당할 때 이를 위에

통곡의 미루나무

서 지켜보고 있던 미루나무가 통곡하듯 울었다고 하는데, 바람이 불면 그 울음소리가 지금도 들린다고 한다. 사형장 옆에는 사형당한 시신을 형무소 밖으로 내보내는 통로 역할을 했던 시구문이 있다.

아이가 조금 더 자라 역사관을 가게 될 때, 필자는 이곳에 다시 들를 것이다. 그 때가 되어도 독립문은 굳건히 서 있을 것이고, 서대문형무소역사관도 그대로 남아 있을 것이다. 아이에게 사대주의 민족주의니 하는 사학자들이 떠드는 역사관에 편승하기보다 나 자신으로 시작하는 대한민국이 나아가야할 미래의 역사를 이야기 해주고 싶다. 물론 과거의 역사를 아는 것도 중요하지만, 이미 지나간 역사는 바꿀 수 없다. 앞으로 만들어가야 할 우리 아이들의 역사는 과거의 실수와 한계를 극복한 새로운 역사이기 때문에 새롭게 쓰여 질 수 있는 희망이 있다.

또한, 역사를 배우는데 있어서 제도교육의 편에서 일방적으로 배우기 보다는 다양한 관점에서 역사를 바라보고 이해하는 것이 자라나는 아이들에게 가장 필요한 역사관이 아닌가 생각한다. 필자는 학창시절 역사과목을 좋아했지만, 지금 머릿속에 남아 기억되고 있는 것이 얼마나 될지 의문이 든다. 남아 있는 것조차도 시간이 지난 지금에 와서 보면 잘못된 것이 많다는 것을 종종 느낀다. 단순히 암기하고 시험을 치르기에만 급급했던 시절에 배운 역사는 새로운 역사를 써내려 가는데 그리 큰 도움이 되지 못할 것이다.

아이에게 알려주고 싶은 한마디

필자에게 있어서 가장 훌륭한 역사 선생님은 아버지셨다. 늘 어딘가를 데리고 가서 직접 보고 체험할 수 있는 기회를 만들어 주셨다. 초등학교 2학년 때인가, 아버지와 함께 공주의 낙화암을 보고 과연 저기서 삼천궁녀가 모두 떨어져 죽을 수 있는지 스스로 의문을 한 적이 있었다. 그 기억이 30년이 지난 지금도 생생하게 기억이 난다. 그러하기 때문에 우리 아이들이 역사를 배우는데 있어 부모만큼 좋은 선생이 없다는 것과 아이들이 직접 체험하고 느끼면서 스스로의 역사관을 가질 수 있도록 기회와 자리를 만들어 주는 것이 필자를 비롯한 부모들이 할 수 있는 최선이 아닌가 생각한다.

스마트폰으로 서대문독립공원 찾아가기 >>

서대문독립공원 QR코드

충청남도 태안군 원북면 신두리

신두리해수욕장 | 신두리해안사구 | 두웅습지 | 태을암

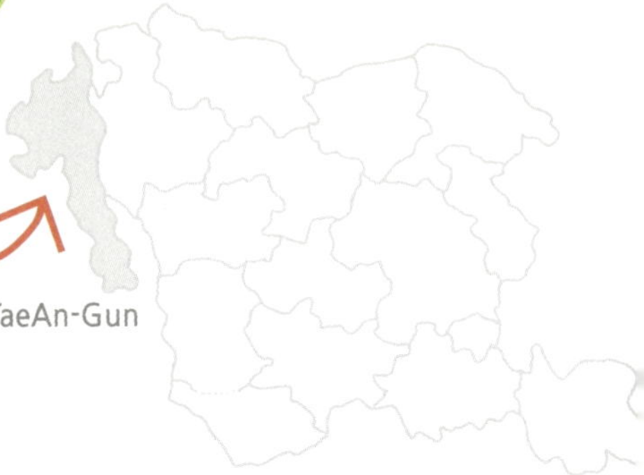

TaeAn-Gun

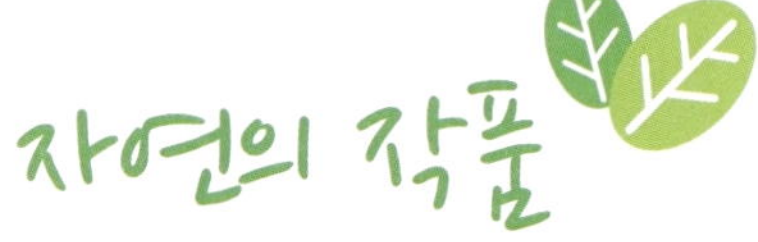

신두리해안사구(新斗里 海岸砂丘)

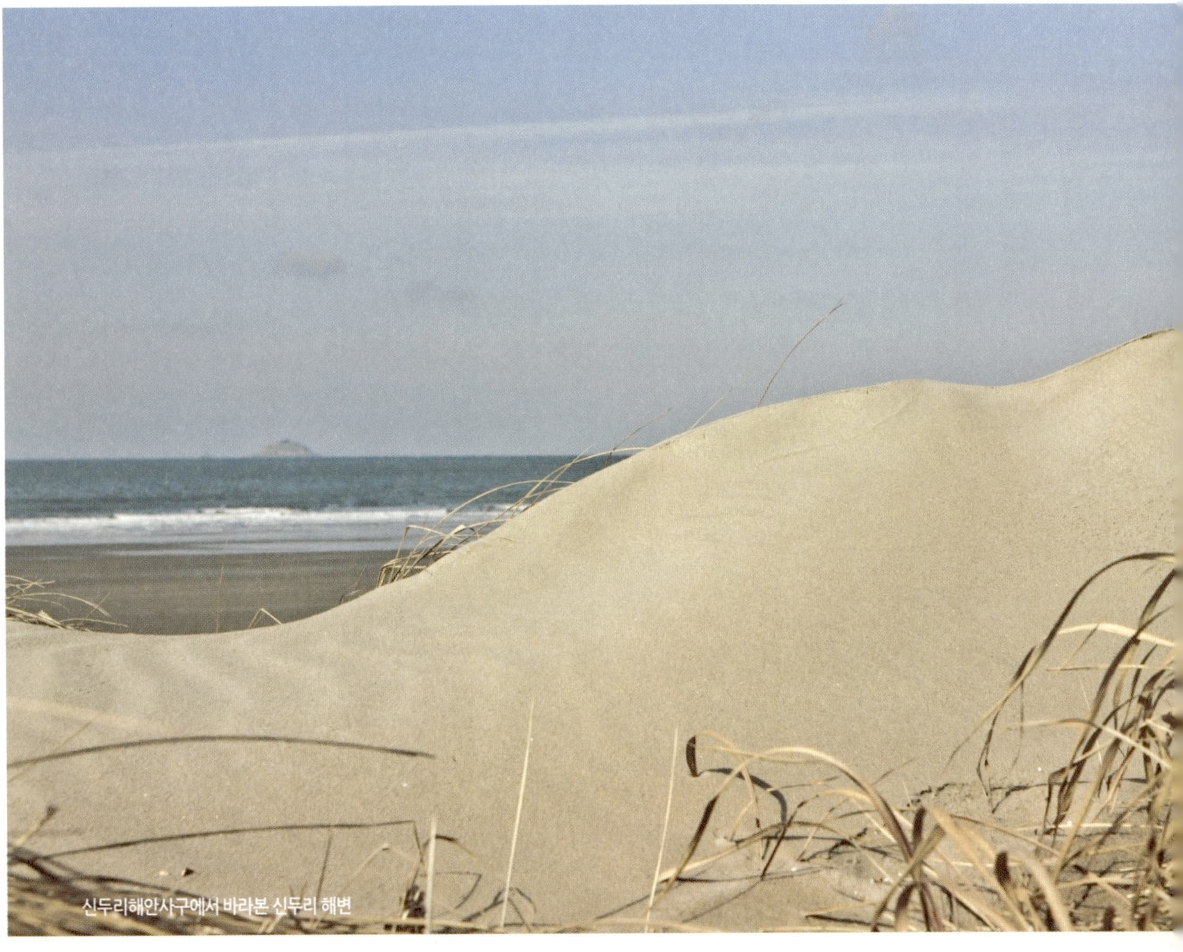

신두리해안사구에서 바라본 신두리 해변

한반도의 사구지형

한반도를 구석구석 돌아다니다 보면 특이한 지형을 종종 만나게 된다. 창녕의 우포에는 악어가 살 것 같은 늪지대가 있고, 전북 진안에는 말의 귀 모양을 한 거대한 바위 덩어리가 솟아 있는 마이산(馬耳山)이 있다. 또한 전남 신안군 우이도와 충남 태안군 신두리에는 한반도의 유일한 사구지형이 있다. 사구(砂丘)는 모래언덕을 말한다.

먼저 사구와 사막을 구분해야겠다. 사막은 사전적인 의미로 연 강수량이 200mm 이하인 건조한 지역을 말한다. 사막이라고 해서 모래로 뒤덮여 있는 지역을 의미하는 것은 아니다. 사구는 모래언덕으로 바람에 의해 모래가 날아와 쌓여 만들어진 언덕으로 사막에서 생성되는 내륙사구와 해안가에 생성되는 해안사구로 구별된다. 우리가 흔히 사막을 생각하면 떠오르는 것이 피라미드와 모래언덕인데, 이 모래언덕이 내륙사구에 해당되는 것이다. 해안사구는 굳이 사막지형이 아니어도 형성된다. 해안가에 퇴적된 모래와 바람만 있으면 사구가 형성된다. 이러한 해안사구 지형이 한반도의 몇몇 곳에 존재하는데 대표적인 곳이 앞서 언급한 신안군 우이도와 태안군 신두리 지역이다.

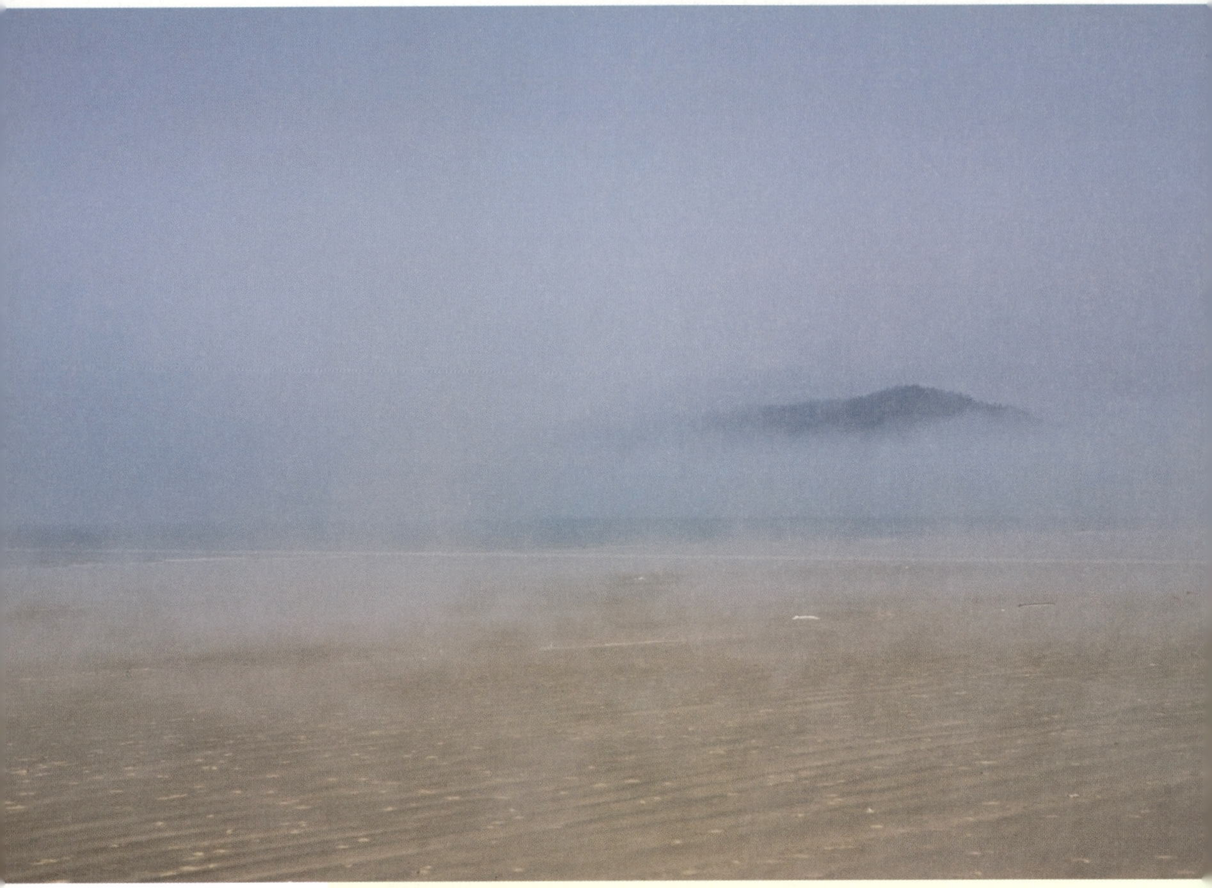

일교차가 심한 봄에
신두리를 찾으면
해미에 감싸인
해안을 볼 수 있다.

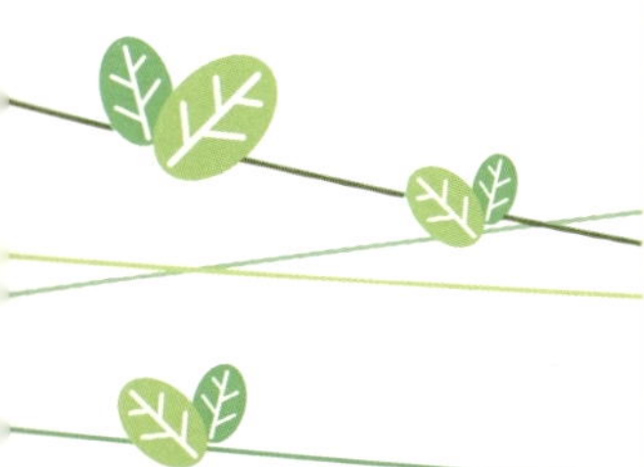

신두리해안사구는 보존해야 될 천연기념물

일반적인 문화재는 국보 또는 보물로 지정하여 보존되고 관리된다. 그럼에도 불구하고 인간의 이기적인 행동에 의해 파괴되고 있는 것이 현실이다. 국보 1호인 남대문만 보아도 2008년에 발생한 화재로 인해 소실되어 아직까지 복원되지 못하고 있는 것은 참으로 안타까운 현실이다. 문화재도 이러한데 자연은 오죽하겠는가? 그래서 우리나라에서는 문화재처럼 보존의 가치가 있다고 판단되는 동식물과 그 서식지, 그리고 지질, 광물과 같은 것들을 천연기념물로 지정해 보호하고 있다. 신두리 해안사구는 국내 최대의 해안사구로써 그 보존의 가치가 높아 천연기념물 431호로 지정되어 관리되고 있다.

신두리해안사구는 사빈(砂濱)을 중심으로 간조 시에는 바다 쪽으로 드넓은 모래 갯벌이 펼쳐지고 육지 쪽으로는 사구와 습지가 형성되어 있다. 사구는 육지와 해양생태계의 완충지역으로 폭풍이나 해일로부터 해안선을 보호하며 사구 생명체에게 지하수를 공급하는 역할을 한다. 사구에는 모래만 있는 것이 아니라 염분이 있는 땅에서 자라는 염생식물들이 자생하고 있어 여름에는 수풀이 우거지고, 겨울철에는 황량한 사막으로 변하기도 한다. 또한 환경부에서 멸종위기 종으로 지정한 맹꽁이, 금개구리 등과 천연기념물 황조롱이가 서식하고 있다. 그러나 전체 해안사구 3.4km 중 북쪽 지역 일부만 천연기념물로 지정되어 있을 뿐 나머지 지역은 신두리해수욕장이 관광지로 개발되면서 펜션과 숙박시설이 들어서 그 모습을 잃어가고 있다.

해류에 의해 사빈(모래 해안가)으로 밀려온 모래가 파랑과 탁월풍에 의해 낮은 구릉인 사구를 형성하게 된다. 신두리 사구는 전사구, 사구습지, 바르한(초승달 모양의 사구) 등의 지형을 형성하고 있다.

신두리해안 걷기

신두리해안사구로 가는 방법에는 두 가지가 있다. 첫 번째 방법은 해안사구 남쪽의 신두리해수욕장에서 북쪽으로 걸어오는 것이다. 해수욕장의 사빈을 따라 신발을 벗고 걸어보자. 여느 해수욕장의 모래사장처럼 발이 빠져 기우뚱거리거나 푹신하지는 않다. 입자가 작은 모래를 밟는 느낌이 마치 잘다져 놓은 황토길 같다. 우측으로 빼곡하게 늘어선 펜션과 숙박시설이 줄지어 서 있고 좌측은 바다다. 이곳에서 홍상수 감독의 영화「해변의 여인」의 대부분을 촬영하였다고 한다.

아이에게 알려주고 싶은 한마디

만일 해안가를 걸어서 해안사구로 가는 방법을 택했다면, 반드시 아이의 손을 잡고 아주 느리게 걸어보고 싶다. 한 손에는 신발을 다른 손에는 아이의 손을 잡고 말이다. 그리 멀지 않은 길이지만, 아이가 이내 다리가 아프다고 때를 쓴다면 목마를 태워 한 걸음 한 걸음 발걸음을 내딛으며 느껴지는 무게에 아이가 많이 자랐다는 것을 새삼 알게 될 것이다. 아이와 단둘이 걸으며 일상생활에서 나누지 못한 이야기를 하다보면 어느새 해안사구에 도착해 있을 것이다. 해안사구에서는 사구에 대한 이야기와 보전해야할 자연환경에 대한 이야기를 해주자. 그리고 2008년에 태안 기름유출 사건으로 인해 국립공원인 태안해안이 검은 기름으로 오염되었다는 이야기를 해주는 것을 잊지 말자. 자연은 스스로를 정화하는 능력을 가지고 있지만 이미 인간에 의해 그 능력을 상실했기 때문에 더 이상 훼손하고 파손하지 않으려면 인간은 자연을 보존하고 지켜야할 의무가 있다는 것을 말이다. 되돌아오는 길에는 해안가 끝까지 달리기 시합을 하며 불어오는 바닷바람을 가르며 뛰어 보자.

해안선 위쪽이 천연기념물로
보호되고 있는 곳이다.
해안가를 따라 줄지어선
펜션과 숙박시설이
천연기념물의 보호가 무색할
정도로 많이 들어서 있다.

해안사구에 도착하면 일렬로
세워져 있는 말뚝을 볼 수 있다.
인근 민박집에서 모래가 쓸려
내려가는 것을 막기 위해
박았다고 한다. 사진가들에게는
이색적인 포스트가 되기도 한다.

또 다른 방법으로는 펜션 앞으로 나 있는 길을 따라 북쪽으로 쭉 올라가면 아스팔트도로가 끊기고 비포장도로가 나온다. 차는 여기까지 밖에 가지 못한다. 비포장도로부터는 걸어야 한다. 한적한 수풀 길을 조금 걷다보면 집을 뒤집어놓은 모양을 한 신두리 해안사구 관리소가 나온다. 여기부터 천연기념물인 해안사구를 보호하기 위한 목책이 세워져 더 이상 들어가지 못한다. 사구 내 탐방은 국립공원관리공단 태안해안사무소에서 지정한 통제기간을 제외하고 가능하다(041-672-9737, 7267). 이곳 어딘가에 김용균 감독의 영화「불꽃처럼 나비처럼」의 촬영지가 있다. 또한 창녕 우포늪에서도 촬영하였다. 그 만큼 훼손이 되지 않은 천애의 자연환경이 보존된 곳이다.

두웅습지

신두리해안사구 인근에 꼭 가볼만한 곳으로 두웅습지가 있다. 신두리해안사구가 국내 특이한 지형이라면 두웅습지 역시 특별하다. 해안사구와 내륙의 산지가 만나는 경계면에 생성되는 사구 배후습지이기 때문이다. 신두리해안사구가 국내에서 가장 규모가 크다면 두웅습지 역시 사구 배후습지로 규모가 가장 크다고 할 수 있다. 현재 탐방로가 조성되어 있어 자유로운 탐방이 가능하다.

습지(濕地)는 항상 물에 잠겨있거나 젖어 있는 지역을 말하며, 연안습지와 내륙습지로 구별하는데 두웅습지는 내륙습지에 해당되며 2007년 람사르(Ramsar) 국제습지조약에 등록되어 보호를 받고 있다. 람사르 국제습지조약은 철새의 서식지로 습지를 보호하기 위해 만들었다. 그러나 습지는 이보다 더 큰 의미를 가지고 있다. 무엇보다 땅과 물을 이어주는 매개체 역할을 하면서 생태계 먹이사슬의 시작이 되는 다양한 종의 동식물을 포함하고 있기 때문이다. 바다를 제외하고 지구 표면의 대략 6% 정도를 차지하는 습지는 다양한 생물의 산란과 서식에 중요한 장소를 제공해 주며, 길게는 수천 년간 이어오면서 습지의 수생식물들에 의한 뛰어난 자연정화능력을 가지고 있다. 또한 우기 시에는 물을 저장하는 저수지의 역할과 유속을 완화시켜 홍수발생을 방지하는 역할도 가지고 있다.

태을암과 태안마애삼존불

신두리해안사구를 가기 위해서 태안시를 거쳐 간다면 태안 시내가 한 눈에 들어오는 백화산(白華山)을 올라보자. 백화산은 태안 8경중 제1 경으로 284m의 그리 높지 않은 산이다. 오르는 길에는 기암괴석이 많고 정상에서 바라보는 서해의 일몰은 장관이다. 신두리해안사구로 가는 603번 지방국도변 쪽으로 태을암(太乙庵)이라는 사찰로 오르는 길이 있다. 이 길을 따라 700m 정도 오르면 태을암이라는 작은 절이 나온다. 창건 연대를 정확히 알 수 없다고 하지만, 사찰 내에 백제시대에 조각된 국보 제 307호인 태안마애삼존불이 있는 중요한 사찰이다.

태안 8경
제1경 - 백화산
제2경 - 안흥성
제3경 - 안면도 송림
제4경 - 만리포
제5경 - 신두리 해안사구
제6경 - 가의도
제7경 - 몽산포
제8경 - 안면도 할미, 할아비
바위

 우리 아이에게 꼭! 알려주고 싶은 대한민국

태을암

마애불은 자연석에 볼록 튀어나오도록 불상을 조각한 것을 의미한다. 태을암의 마애불은 바위에 불상 세 개가 조각되어 있어 삼존불이라 한다. 그러나 일반적인 삼존불은 가운데 본존불을 배치하고 좌우에 협시보살을 배치하는 데 비해 태안의 마애삼존불은 중앙에 보살을 배치하고 좌우에 여래불을 배치하였다. 또한 중앙의 보살이 좌우의 여래불보다 작은 파격적인 구도를 사용한 것이 특징이다.

스마트폰으로 신두리 찾아가기 >>

신두리 QR코드

인천광역시 강화군 화도면 장화리

장화리 | 장곶돈대 | 석모도 | 보문사

GangHwa-Gun

세계에서 가장 아름다운 노을

장화리(長花里)

강화도 장화리 노을

해가 지는 곳이 서쪽이니 노을을 보려면 서해로 가야한다. 수많은 서해의 노을 명소 중에 강화도 장화리가 있다. 노을은 어디서 보든 다 똑같다고 말할 수 있겠지만, 유독 이곳에서 바라보는 노을은 대한민국 아니, 지구상에서 가장 아름다운 노을이라고 사람들의 입에 화자된다. 필자도 강화도에 우연히 들렀다가 4시간이 넘게 기다린 끝에 강화도의 노을을 사진에 담은 적이 있다. 나중에 안 것이지만, 그곳이 세상에서 가장 아름다운 노을을 볼 수 있다는 장화리였다. 이곳은 장화1리 주민자치센터가 있는 바닷가이다.

노을을 볼 수 있는 시간은 하늘이 붉은 홍조를 띠기 시작할 때부터 수평선 너머로 사라질 때까지 10여분 정도이다. 사람들은 이 짧은 시간 동안 붉게 타오르며 수평선 아래로 사라지는 노을만 보기 위해 이곳을 찾는 것은 아닐 것이다. 지리적으로 서울, 경기권과 가까운 것도 한 몫을 하겠지만, 노을이 선사해 주는 10분간의 장엄한 공연을 묵묵히 바라보면서 자신만의 그 무엇을 사유할 수 있는 시간을 얻기 때문일 것이다. 그래서 노을이 지는 동안에는 그 어느 누구도 말을 하지 않고 노을만 바라본다. 최근 들어 장화리 노을이 사진가들에게 포획되어 인터넷을 통해 알려지면서 곳곳에 펜션과 낙조조망시설이 들어서서 많은 사람들로 북적이고는 있지만, 장화리는 아직 세상의 때가 덜 묻은 한적하고 평범한 어촌마을이다.

장화리 노을

노을은 기다림이다. 그리고 인위적으로 만들어 낼 수 없다. 노을이 만들어지려면 아침부터 12시간 이상을 기다려야 한다. 그 기다림의 끝에서 수평선 위로 붉은 기운이 들기 시작하는가 싶더니 이내 수평선 아래로 허탈하게 사라진다. 이 순간을 위해 우리는 많은 시간을 기다리지만, 그 어느 때보다도 많은 생각을 할 수 있는 시간을 얻게 된다. 그리고 그 결과를 노을이 지는 순간과 함께 정리하게 된다. 부모와 아이에게 필요한 것은 커뮤니케이션 즉, 소통을 위한 대화이다. 하루 정도 서해의 노을을 보기 위해 아이와 함께 준비해 보며 대화를 해보자. 그리고 노을을 기다리며 아이에게 당부하고 싶은 말, 격려해주고 싶은 말들을 미리 생각해두자. 생각하는 시간이 충분하면 예전에 생각하지 못한 좋은 말들이 떠오를 것이다. 노을을 바라보면서 아이들의 생일을 축하해주는 것도 좋은 추억이 될 수 있다.

강화도와 돈대

강화도에는 다른 지역에 비해 '돈대'라는 유적지가 많다. 돈대는 방위 시설의 하나로 주로 성곽이나 주변에 비해 높은 곳에 구축되어 적을 방어하는 기능과 봉수를 설치하여 적의 침략을 알리는 기능을 하는 군사 시설이다. 수원화성에 3개의 돈대가 있고 남한산성에는 2개가 있었다고 '남한지(南漢志)'라는 문헌에 전해지는데 강화도에는 무려 53개가 남아 있다. 그만큼 강화도는 조선시대에 한강의 입구를 지키는 중요한 전략적 요충지였고 섬으로써의 천의 요새였다. 그래서 임진왜란 당시 다른 지역에 비해 강화도는 큰 피해를 입지 않았다고 한다. 그 뒤로 정묘호란과 병자호란를 겪으면서 강화도가 함락되고 인조가 청에 항복하는 일이 발생했다. 이 일로 숙종이 강화도의 모든 곳에 53개의 돈대를 설치하였다고 한다. 곶은 해안에서 바다 쪽으로 돌출된 지형을 의미하는 데 장화리 북쪽 해안 장곶에는 장곶돈대가 있고 남쪽 해안 북일곶에는 북일곶돈대가 있다.

장곶돈대는 40~120㎝의 네모난 돌을 3m 높이의 둥근 형태로 쌓은 후, 해안을 향해 4개의 포좌(포를 놓는 자리)를 설치해 놓았다. 포좌는 지름이 45㎝, 안의 너비가 18㎝, 길이가 24㎝의 크기이다. 그 위로는 낮은 담을 설치했던 흔적이 남아있다. 조선 숙종 5년(1679)에 건립한 것으로, 미곶돈(彌串墩), 북일곶돈(北一串墩), 검암돈(黔岩墩)과 함께 장곶보에 소속되어 있었다.(문화재청)

북일곶돈대는 강화도 도보여행 8개 구간 중 7번째 구간(20.2km)에 해당되며, 강화도 동쪽 해안을 따라 걷는 2번째 구간인 호국돈대길은 우리가 익히 알고 있는 갑곶돈대에서 출발하여 초지진까지 이어지는 17km 구간이다.(http://tour.ganghwa.incheon.kr/)

강화도의 도보여행은 모두 여덟 개의 구간으로 되어 있다. 제주 올레길이나 지리산 둘레길처럼 삼림욕이나 트레킹을 목적으로 하기 보다는 역사적인 의미를 가지고 있는 돈대를 중심으로 이어져 있다. 이 중 2구간인 호국돈대길은 가장 많은 돈대를 거쳐 가는 길이다. 필자의 아이는 아직 어리기 때문에 오래 걷지를 못하지만, 충분히 걸을 수 있는 나이가 되면 아주 느리게 더디 걸어가면서 호국의 의미를 함께 되새기고 싶은 곳이기도 하다.

서해를 품은 절 보문사

아이를 위한 여행은 아이가 보고 즐길만한 것이 한두 가지는 있어야 한다. 어른 위주의 여행은 아이를 따분하게 만들고 금방 지치게 하며 여행에 실증을 느끼게 한다. 그리고 아이는 그 다음 여행에도 똑같을 것이라 생각하여 여행을 떠나는 설렘을 잃을 수 있으니 주의해야 한다.

강화도에서 석모도 보문사로 가는 뱃길에는 아이가 즐길만한 꺼리가 있다. 석모도는 강화도 서쪽 앞바다에서 보일만큼 지척에 있는 섬이다. 그러나 아직 두 섬을 잇는 다리가 놓여있지 않기 때문에 강화도 외포리와 석모도 석포리를 잇는 배를 타야 보문사로 갈 수 있다. 아이의 즐거움은 이 배가 출발하는 그 순간부터 시작된다. 배가 힘찬 엔진소리를 내며 출발하면 어디선가 숨어 있던 수많은 갈매기들이 일제히 배로 몰려든다. 그러면 갑판 위에 미리 올라선 사람들은 저마다 손을 하늘 위로 뻗는다. 그 손에는 모두 '새우깡'이 하나씩 들려 있다. 갈매기들은 이 새우깡을 먹기 위해 몰려드는 것이다. 갈매기에게 새우깡을 던져주는 것은 아이들만의 즐거움은 아니다. 남녀노소 할 것 없이 그 재미를 즐길 수 있다. 갈매기와 가장 근접한 거리에서 손안의 새우깡을 낚아채가는 기술에 연신 감탄하며 짧은 뱃길의 재미를 만끽할 수 있다. 강화도로 되돌아오는 길에서도 동일한 상황이 연출된다. 석모도로 가는 일정을 잡았다면 새우깡 한두 봉지는 준비해두자.

석모도의 보문사는 섬 중앙의 낙가산에 자리잡고 있다. 보문사는 다른 사찰에 비해 몇 가지 특별한 점이 있다. 첫째 선덕여왕 4년(635년)에 창건되어 1300년의 역사를 가지고 있다. 둘째, 경주 석굴암처럼 식굴에 불상을 안치한 석굴사원이지만, 보문사의 석굴은 자연동굴을 이용했다. 셋째, 대부분의 사찰이 해가 뜨는 동쪽을 바라보고 있다면 이 사찰은 서해를 바라보고 있다. 특히 낙가산 중턱에 자리 잡은 눈썹바위에 새겨진 마애관음좌상은 서해바다를 향해 앉아 있다. 이곳에 오르면 서해 바다가 한눈에 조망되고 해질 무렵의 훌륭한 낙조를 감상할 수 있어 불교에서 이야기하는 무아지경(無我之境)을 느낄 수 있다.

보문사 석실에는 전해 내려오는 전설이 있다. 어부가 바다에서 고기를 잡기 위해 그물을 쳤는데 사람 모양을 한 석상이 걸려 올라왔다. 어부는 기이하게 생각하여 바다에 던져버리고 다른 곳에서 그물을 쳤는데 역시 석상이 걸려 올라왔다. 어부는 이상하게 생각하여 고기잡이를 그만두고 집에 와 잠을 청했는데, 꿈속에서 노스님을 만나 꾸지람을 들었다. 어부가 건져 올린 돌덩이는 서천국(인도)에서 불법을 전하러 온 것이라는 것이다. 노스님은 이것을 낙가산에 안치할 것을 당부하였다고 한다. 이에 어부는 이 석상들을 모두 건져와 낙가산의 한 동굴에 안치했다고 한다. 이때가 보문사를 창건한지 14년(진덕왕 3년, 649년)이었다. 실제 이 석상의 재질을 분석해보니 화강암처럼 보이기는 하나 인도에서 나오는 석재로 밝혀졌다고 한다.

보문사의 석실

낙가산 눈썹바위에 자리 잡은 마애관음좌상

마애관음좌상에서 바라 본 서해
이곳에서 낙조를 바라보면
무아지경(無我之境)에 이른다고
한다. 무아지경은 정신이 한 곳에
쏠려 자기 자신의 존재를 잠시
잊고 있는 경지로 그만큼 낙조가
아름답다는 뜻이다.

보문사는 주차장 입구에서 음식점이 줄지어 있는 길을 따라 오르면 곧
일주문을 만나게 된다. 일주문 앞에서 표를 끊고 사찰로 들어선다. 길이
약간 가파르지만 이야기 몇 마디 나누다 보면 어느새 보문사 경내에 들
어서게 된다. 경내에 들어서면 수령이 600년이나 되었다는 향나무가
정면에 보이고 그 뒤에 나한상들을 모셔놓은 석실입구인 홍예문이 보
인다. 그 우측이 대웅전인 극락보전이다. 눈썹바위에 새겨진 마애관음
좌상을 보려면 극락보전과 관음전 사이에 난 계단 길로 1km 정도 올라
가야 한다. 경사가 가파르기 때문에 단숨에 오르기에는 무리가 있다. 중
간에 쉬면서 서해의 경치를 벗삼아 오르면 그만큼 힘이 덜 들 것이다.

장화리 QR코드

충청남도 태안군 남면 양잠리 / 원청리

청포대해수욕장 | 별주부마을 | 덕바위 | 독살 | 마검포

TaeAn-Gun

동화속의 이야기가 있는 곳
청포대(青浦臺)

청포대 해변의 연인

청포대해수욕장

청포대를 인터넷에서 찾아보면 1988년에 개장한 해수욕장으로 태안해안국립공원의 몽산포해수욕장 남쪽에 있다고 나온다. 필자는 이 말을 몽산포에 비해 많은 사람들이 찾지 않는 곳이라는 말로 해석했다. 그 이유는 태안해안에 위치한 여러 해수욕장 중에 일반인에게 해수욕장으로 알려진 것도 80년대 후반이고, 더욱이 몽산포와 만리포가 태안 8경에 속해 있으니 그리 많은 사람이 찾지는 않았을 것 같았기 때문이다. 그렇다고 청포대가 찾아가기 힘든 곳은 아니다. 안면도로 들어가기 전 77번 국도 우측에 인접해 있다. 그만큼 안면도에 비해 그동안 비주류였던 곳이다.

청포대는 사람들이 들리지 않고 지나쳐가는 덕택에 태안해안국립공원 내에서 여전히 맑고 깨끗한 바다와 송림을 가지고 있다. 해수욕장에 즐비하게 서있는 횟집과 위락시설도 찾아보기 힘들다. 펜션이 유행하면서 일부 민박집이 펜션으로 바뀐 것 빼고는 여전히 자연의 채취를 느낄 수 있는 곳이다. 최근 캠핑을 즐기는 인구가 늘어나면서 몽산포 캠핑장이 포화되어 그 아래쪽인 청포대로 캠핑을 하러오는 사람들이 좀 늘었을 뿐이다.

동화 속의 이야기가 있는 곳

토끼와 거북이가 등장하는 전래동화인 별주부전은, 토끼전, 토생원전 등으로 불리는 한국의 대표적인 구전소설이다. 별주부전은 사람들의 입에서 입으로 전해지다가 조선후기에 비로소 글로 기록되기 시작하여 다양한 판본이 존재하며 내용이나 결말도 조금씩 다른 것이 특징이다. 또한 한국 판소리 열두마당 중에 존재하는 다섯 마당 중 수궁가(水宮歌)의 원작품이기도 하다. 청포대에 가기 전에 아이에게 토끼와 거북이 이야기를 미리 해준다면 청포대 주변을 여행할 때 한층 더 재미를 느낄 것이다.

청포대 인근 원청리, 양잠리, 신온리를 별주부마을이라고 부르는데 별주부전의 배경이 된 곳이기 때문이다. 별주부마을에는 자라가 용왕의 명을 받고 처음 육지에 올라온 '용새골', 토끼가 간을 떼어 맑은 샘물에 씻었다는 '묘샘', 토끼가 구사일생으로 살아나 자라를 놀려댔던 '노루미재', 그리고 자라가 수궁으로 되돌아가지 못하고 죽어 바위가 되었다는 '자라바위'가 있다.

청포대 해변 남쪽에 덕바위가 있다. 탁 트인 해변을 바라보고 서있으면 왼쪽에 작은 바위 하나만 보이니 쉽게 찾을 수 있다. 덕바위는 자라바위라고도 하는데, 이 바위에 전해오는 별주부전 이야기는 이렇다. 별주부전에서 자라의 감언이설로 수궁에 들어갔던 토끼가 거짓말을 하여 구사일생으로 육지에 올라오게 된다. 토끼는 '간을 빼놓고 다니는 짐승이 어디에 있느냐?'며 자라를 놀려대고는 노루미재 숲으로 달아난다. 자라는 수궁으로 되돌아가시 못하고 자신의 충성이 부족하여 토끼에서 속았다고 탄식하며 용왕을 향해 죽는다. 죽은 자라가 변한 것이 바로 이 바위라는 전설이 전해지고 있다.

청포대 인근 원청리에 위치한 별주부마을 돌샅문화관
독특한 모양의 건물로 8층이 카페와 전망대로 이용된다.

덕바위의 토끼와 거북이 상

아이에게 알려주고 싶은 한마디

아이가 사회를 바라볼 수 있는 나이가 된다면 별주부전에 대해 다른 이야기를 할 수 있다. 그것은 별주부전에 등장하는 지혜로운 토끼와 충성스러운 자라의 이야기가 전부가 아니라는 것이다. 구전소설이 기록되던 조선후기의 시대상이 그대로 소설에 반영되어 단순히 동물을 의인화한 소설이 아니기 때문이다. 별주부는 충성스러운 신하이고, 이에 대립하는 문어는 무능한 집권층에 결탁된 지배계층이다. 토끼는 지혜로운 것을 떠나 당시 서민들의 의식을 대변하는 역할을 하고 있다. 조선후기의 시대상이 지금과 별다른 차이를 보이고 있지는 않지만, 이러한 소설이 우회적으로 당시의 시대상을 전해주고 있는 것이다. 어쩌면 어지럽고 부패한 사회에서 자기 자신을 지키려면 무엇보다 위기를 극복할 수 있는 모든 일에 지혜로움이 필요하다는 것을 아이에게 알려주어야 하지 않나 생각해본다.

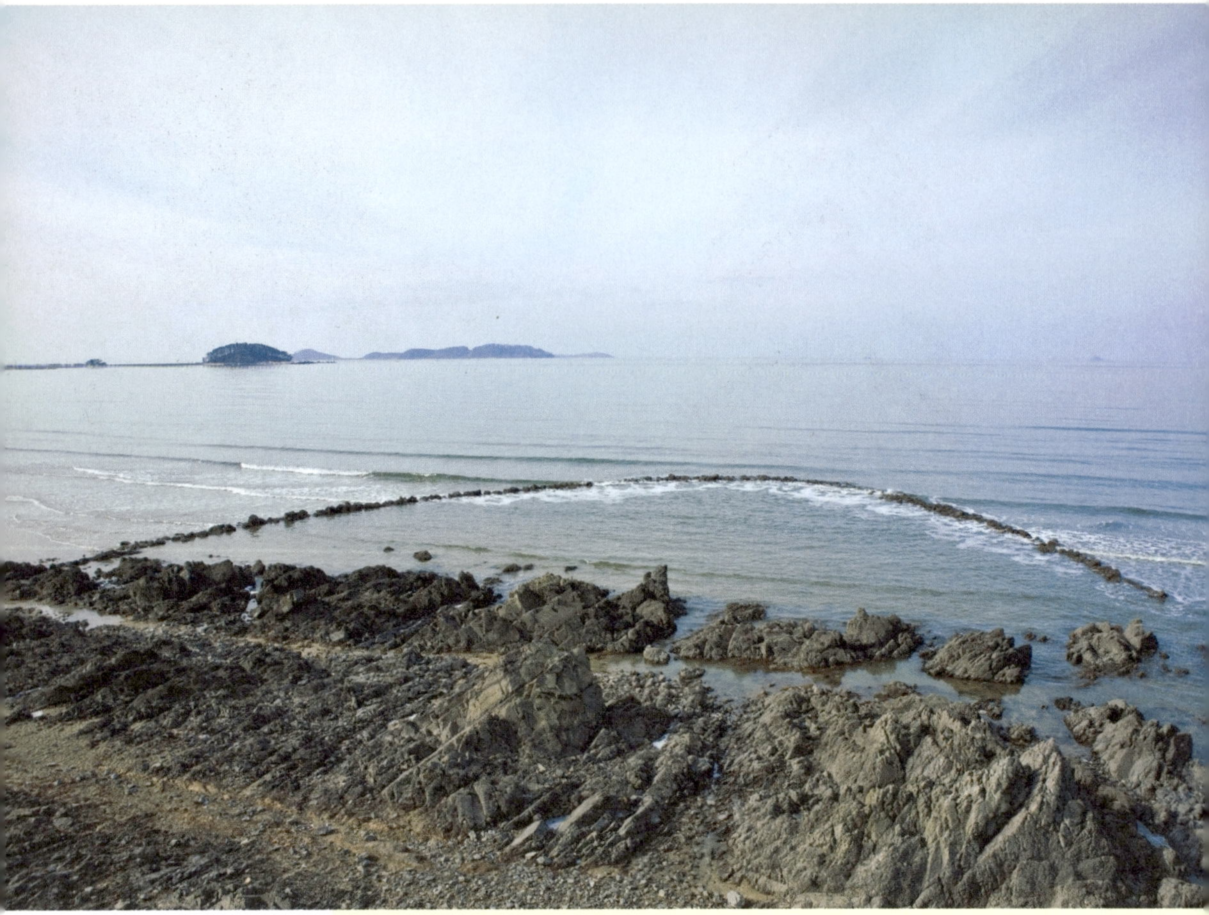

덕바위 앞에 위치한 독살
살을 돌로 만들면 돌살이라
부르고 그물로 만들면
어살이라고 한다.

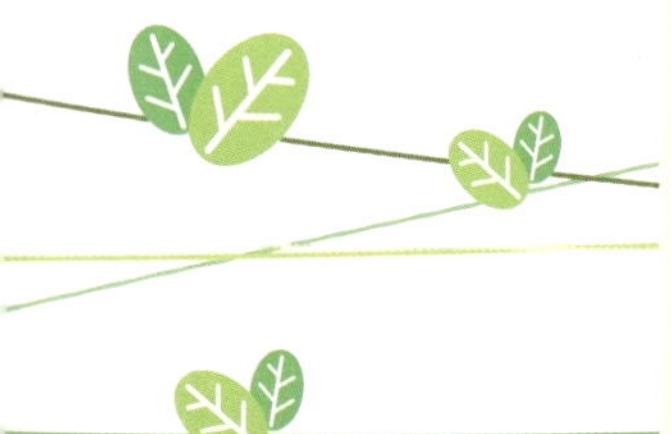

자연이 주는 선물 독살(돌살)

돌살 또는 독살이라는 부르는 어로시설은 그 역사가 꽤 오래된다. 돌살은 원시시대부터 밀물과 썰물의 차이를 이용해 해안가에 초승달모양으로 돌을 쌓아 살을 만들어 놓고 물이 들어 올 때 물고기들이 함께 들어왔다가 물이 나가면 물고기들이 미처 빠져나가지 못하고 갇히게 되는데, 이렇게 갇힌 물고기를 잡는 방식이다. 물고기를 가두는 살을 돌 대신 그물이나 대나무 살을 이용하면 어살이라고 부른다. 지금도 신안군의 어러 섬에는 원시시대에 만들어진 돌살로 여전히 어로생활을 하는 어부들이 있다고 한다.

돌살과 어살은 인간이 원하는 만큼 잡는 물고기를 잡는 방식과 달리 자연이 주는 대로 고기를 잡는 방식이다. 즉, 자연의 이치에 따른 어로법으로 슬로우 라이프의 한 방식으로 볼 수 있다. 그러나 역사 기록을 보면 부동산처럼 재테크의 한 형태로 돌살을 소유하려는 사람들이 많았다고 한다. 일례로, '고려사'에는 1016년에 현종이 왕자에게 내린 하사품 중에 금, 은, 토지를 비롯하여 염전과 이 돌살(어살)이 포함되어 있다고 기록하고 있다. 또한 '세종실록지리지'에 따르면 황해도에 127개, 충청도에 136개, 전라도에 50개, 경기도에 34개, 경상도에 7개, 함경도에 2개의 어살이 설치돼 있었다고 적고 있다. 그만큼 돌살과 어살은 한 번 만들어지면 반영구적으로 사용할 수 있기 때문에 경제적 가치가 크다고 할 수 있다.

아이에게 알려주고 싶은 한마디

세상을 살아가는 데 있어서 중요한 것은 자연의 이치를 파악하여 그 순리를 역행하지 않는 것이다. 이는 인간이 가지는 3대 특성의 하나인 창조성과 관련이 깊다. 인간은 자연의 이치나 그 원리를 이용하여 자연상태에서 존재하지 않는 수많은 것들을 만들어 냈고 지금도 만들고 있다. 그러나 이러한 것들 중 대부분은 자연의 순리를 역행하는 경우가 많았다. 그 결과 환경이 오염되고, 생태계가 파괴되고, 북극의 오존층이 뚫려 대기 중으로 방사선이 들어온다. 조금 더 편하게 살려는 인간의 욕망이 우리가 살아가는 생활의 터전을 위협하며 점점 더 빠르게 인간에게 피해를 주고 있는 것이다. 자연의 이치를 이해하고 그 순리를 거스르지 않는 것 중에 대표적인 것이 염전과 돌살일 것이다. 둘 다 인간에게 필요한 소금과 물고기를 제공해 주지만 강제로 얻어내는 것이 아니라 시간을 기다려야 비로소 얻게 되는 것이다. 그것은 기다림의 이치 즉, 자연의 순리를 의미한다.

청포대 해변 남쪽으로 마검포로 이어지는 노루미 해변 앞으로 돌살이 설치되어 있고, 덕바위 앞에도 작은 규모의 돌살이 있다. 매년 4~11월 기간에는 별주부 마을 홈페이지(http://www.byuljubu.com)를 통해 신청하면 돌살체험을 할 수 있고, 별도의 어살문화축제가 하계 휴양 기간에 개최된다.

청포대의 끝자락 마검포

청포대 해변을 따라 남쪽으로 내려가면 작은 포구와 해수욕장이 있는 마검포가 나온다. 이곳 역시 안면도 초입에 있어 많은 사람들이 찾지 않은 한적한 어촌마을이다. 마검포에는 여느 바다에나 있는 방파제와 등대가 있다. 해수욕장은 방파제를 따라 안면도 쪽으로 길게 늘어서 있다. 그러나 풍경만큼은 예사롭지 않은 곳이다.

멀리서 보면 등대가 있는 곳은 작은 섬이다. 이 섬은 육지와 방파제로 연결되어 있다. 가까이 가서 등대를 보면 등대는 방파제나 섬에 있지 않고 바다 위에 서 있다. 물이 빠지면 갯벌이 될 것 같은 해안가는 거대한 돌덩이들로 가득하다. 등대는 이 갯바위 위에 서 있는 것이다.

마검포등대

 우리 아이에게

마검포가 인적이 좀 드문 곳이기는 하나 이곳에는 볼거리가 나름 많다. 장길산의 촬영지가 해수욕장 건너편에 있고, 77번 국도의 곰섬삼거리에서 마검포로 들어오는 길에는 염전이 있다. 운이 좋다면 염전에서 소금을 채취하는 것을 가까이에서 볼 수 있고, 체험도 할 수 있다.

마검포는 별주부마을인 신온리에 있다. 청포대가 있는 원창리가 별주부전의 주무대라면 마검포에는 이솝우화 '토끼와 거북이'에 나오는 반환점을 만들어 놓았다. 비록 개인 펜션의 정원에 만들어 놓은 것이지만, 이 지역의 특성상 어울릴만하다.

토끼와 거북이의 경주 반환점

아이에게 알려주고 싶은 한마디

'토끼와 거북이' 우화는 두 동물의 달리기 경주를 인생에 비유한 이야기로, 거북이처럼 느리더라도 꾸준히 노력하면 좋은 결과를 얻게 되고, 반대로 토끼처럼 너무 자만하면 실패한다는 교훈을 담고 있다. 그러나 최근에는 이 우화를 재해석하여 꾸준히 노력만 한다고 해서 반드시 좋은 결과를 얻지 못한다는 우리 사회가 가지고 있는 문제점을 지적할 때에도 비유된다. 과연 우리 부모들은 아이에게 어떤 것을 가르쳐야 하는가? 이 사회에서 토끼처럼 자만하고 살아야 하는지, 아니면 거북이처럼 노력만하고 살아야하는지 말이다.

스마트폰으로 청포대 찾아가기 >>

청포대 QR코드

경기도 광주시 퇴촌면 원당리
일본군위안부역사관 | 경안천습지생태공원

GwangJu-Si

잊지 못하는 시대의 아픈 기억
일본군위안부역사관
(日本軍慰安婦歷史館)

일본군위안부역사관

잊을 수 없는 역사

경기도 광주시는 용인에서 내려오는 경안천을 끼고 있다. 경안천변을 따라 338번 지방도가 경기도 퇴촌까지 이어진다. 이 길은 필자가 고속도로를 피해 서울을 오고갈 때 자주 이용하는 길이다. 시간적인 면에서 고속도로가 빠르고 편하지만, 자동차로만 가득한 길보다는 주변의 산수를 보며 유유히 흐르는 강물과 함께 드라이브를 하면 지루한 운전이 한결 즐거워지는 느낌이다.

광주시를 빠져나온 경안천은 서하리에서 크게 굽이쳐 흐른다. 강 안쪽이 서하리, 강 바깥쪽이 원당리이다. 338번 지방도는 강 바깥쪽으로 나 있어 서하리를 지나치지 않는다. 대신 원당리에 있는 일본군위안부역사관 앞을 지난다. 역사관은 국도에서 조금 걸어 들어가야 만날 수 있다. 필자도 이곳에 역사관이 있다는 것을 이 길을 지나다니면서 알게 되었다. 자주 지나다니다보니 들려볼 기회가 자연히 생겼고, 아이와 함께 가고 싶은 곳 중에 하나가 되었다. 실은 아이와도 왔었지만, 아직 어리기 때문에 나들이 이상의 기대는 할 수 없었다. 아이가 학교에 들어갈 나이가 되면 꼭 다시 와서 아이에서 잊혀 가는 역사를 되새겨 주고 싶다.

일본군위안부역사관은 세계 최초의 성노예 박물관이다. 또한 우리나라의 치욕적인 삶을 안고 살아가시는 위안부 할머니들의 명예회복과 일제의 만행을 알리기 위해 1998년 뒤늦게 건립되었다. 박물관 뒤편에는 위안부 할머니들이 생활하시는 나눔의 집과 영상을 관람을 할 수 있는 강당이 별도로 있다.

이곳을 매번 지나면서 느낀 것이지만 왜 이곳에 역사관을 만들었을까 하는 것이다. 대중교통으로 이곳을 찾아가기에는 너무 불편하고, 마치 인적이 드문 곳에 드러내고 싶지 않은 무언가를 감춘 듯한 느낌을 받는

고 강덕경 할머니의 초상으로
역사관을 방문한
한국인과 일본인의
지문서명으로 그려졌다.

다. 역사관 소개의 말을 빌리자면, '잊혀진 역사를 바로 세워 후대에 역
사의 교훈을 전하기 위해...'로 되어 있다. 말 그대로 많은 사람들에게 이
미 잊혀졌다고 생각되는 역사이기 때문에 이런 곳에 세운 것은 아닐
까? 건립 취지대로라면 많은 사람들이 쉽게 찾을 수 있는 곳이거나, 보
다 많은 사람들에게 위안부의 문제를 각인시키고 소통하기 위한 곳이
어야 할 것이다. 필자가 대학을 다닐 때에는 수요집회라는 것이 탑골공
원에서 매주 있었다. 2010년 1월 13일에 900회를 맞이했는데 보라색의
손수건을 머리에 두른 할머니의 주름진 얼굴이 지금도 생생하다. 어쩌
면 이러한 방식이 대한민국에서 다른 사람과 소통할 수 있는 유일한 방
법이 아닐까 생각한다.

내 나라, 내 이웃, 내 가족에 대한 양심을 지키며 사는 일

아이에게 알려주고 싶은 한마디

우리 아이가 자라면서 분명히 내게 물어 볼 것이다.
"아빠, 우리나라가 왜 일본의 식민지가 되었나요?"
이런 질문에 난 막막할 것이다. 지금까지 살아오면서 내 자신에게 무수히
많이 질문을 해보았던 것이지만 나조차도 명확한 답을 얻을 수 없는 질문인
것이다. 그렇다고 국사교과서에서 이야기하는 식상한 한국근현대사를 들려
주고 싶지는 않다. 그것은 19세기 세계정세가 강대국이 약소국을 침략하는
제국주의 시대였고, 동양권에서 가장 발 빠르게 근대화에 성공한 일본이
그 주변국인 한국을 식민지화했다는 시대의 논리이다. 한국이 일본의 식민지가
되는 과정에서 운요호사건에서 비롯된 강화도조약(1876년)부터 대한제국이
일제 식민지화가 된 한일합방조약(1910년)에 이르기까지 무수히 많은 역사
적인 사건들이 있었고, 우리는 그것들을 달달달 외우며 학교를 졸업했다.

지금도 중고등학교 국사(역사) 시험에는 이러한 것들이 정답으로 간주된다. 하지만 진정 중요한 것은 역사책에 남겨진 사건들이 아니다. 역사책의 사건들은 마치 한일합방조약을 합리화해 나가는 과정을 그린 듯 정말 잘 짜 맞춰져 있는 시나리오 같다. 그 역사의 이면에는 다른 무언가가 빠져 있다. 우리 아이가 그것이 무엇이냐고 다시 내게 물어본다면, 난 이렇게 답해줄 것이다.

"그건 양심이라는 거야. 나에 대한 양심은 개인적인 것이지만 서로에 대한 양심은 결코 개인적일 수는 없는 거지. 먼 훗날 시간이 지나면 우리나라가 일본의 식민지가 된 것을 잊고 살지는 모르겠지만, 내 나라와, 내 이웃, 내 가족에 대한 양심을 저버렸다는 것은 지울 수 없는 사실로 남을 거란다."

1945년 광복이 되고 반세기가 넘게 흐른 2005년에야 비로소 이러한 양심을 규명하는 법이 만들어지고 일제강점기에 일어난 모든 반민족행위에 대한 진상을 규명하게 되었다. 그러나 이 또한 정치적인 논리에 이용되어 양심을 저버리는 또 다른 일이 되고 말았다.

"아이야, 네가 옳고 그름을 판단할 때가 되면, 스스로를 지킬 수 있는 양심을 가지게 되는 거란다. 그러나 그 양심이 너에게게만 옳다고 판단된다면, 먼저 행동하기보다는 다른 무엇과도 함께 생각하고, 사회전체가 옳다고 판단될 때 너의 소신을 굽히지 말고 살아갔으면 한다. 그게 내 나라, 내 이웃, 내 가족에 대한 양심을 지키며 살아가는 것이란다."

경안천습지생태공원

경안천은 경기도 용인 용해곡에서 발원하여 용인시와 광주시를 거쳐 한강의 팔당호로 유입되는 대표적인 국가하천이다. 조선시대의 대동여지도와 신증동국여지승람에서는 소내라 하여 우천(牛川)이라 불렀으며, 일제 강점기에는 용인군 김량장리를 지난다하여 지역명을 그대로

경안천습지생태공원

따서 김량천(金良川)이라고 불렀다. 경안천의 이름은 옛 광주시 경안리(慶安里)에서 유래되었지만, 현재의 경안(京安)은 일제 강점기에 서울에서 가깝다는 의미로 한자표기를 바꿔 사용한 것이다.

경안천은 한강의 지류로 50km를 유유히 흐르며 팔당과 만나고, 그 끝자락인 퇴촌면에 습지생태공원이 자리하고 있다. 강가에 자리 잡은 습지는 강을 정화시키는 중요한 역할을 하는데 경안천 습지는 인공으로 조성된 것이다. 상수원보호지역인 팔당호로 곧바로 유입되는 경안천은 인공으로 습지를 조성할 정도로 그동안 수질이 좋지 않았다는 것을 의미한다. 이는 용인시와 광주시의 급격한 인구증가와 도시화 과정에서 난개발이 이루어지고 이로 인해 늘어난 생활하수와 무분별하게 들어선 공장의 오폐수가 정화되지 않고 경안천으로 흘러들어갔기 때문이다. 30년 전만 하더라도 경안천에서 멱을 감고 천렵을 하던 어린 시절의 기억이 생생한데, 지금은 경안천 주변의 다양한 습지를 조성하여 어느 정도 생태계가 복구 되었다고는 하지만 멱을 감는 아이들을 찾아보기는 힘들다.

경안천습지생태공원은 경기도 광주시 퇴촌면 정지리에 위치한 16만2천㎡ 면적의 인공습지생태공원으로 광주 8경 중 하나이다. 팔당호 상수원으로 유입되는 오염물질을 기존 자연자원인 갈대, 부들과 같은 수변식물들을 이용하여 수질을 개선하고, 동식물들에게는 자연스러운 서식처를 제공한다. 또한 이곳을 찾는 도시민들에게는 자연과 함께 쉴 수 있는 휴식처를 제공하고 아이들과 함께 습지생태에 대한 교육을 할 수 있는 공원이다.

경기도 광주시 8경

제1경 - 남한산성	제5경 - 경안습지생태공원
제2경 - 광주조선백자도요지	제6경 - 무갑산
제3경 - 앵자봉과 천진암	제7경 - 경안천변
제4경 - 경기도자박물관	제8경 - 태화산

경안천습지생태공원에는 수변 위와 갈대, 부들군락에 2km의 산책로가 조성되어 있고, 산책로를 따라 세워진 7개의 조류관찰대를 통해 수변에서 서식하는 각종 새들을 관찰할 수 있다. 특히 겨울철새인 고니(백조)를 이곳에서 관찰할 수 있다하니 아이들에게 좋은 경험이 될 것이다. 습지공원 입구에 조성되어 있는 연꽃군락에는 7~8월에 연꽃이 만개한다.

소 잃고 외양간 고치기

옛말에 '소 잃고 외양간 고치기'라는 속담이 있다. 이 말은 미리 대비를 해야지 소를 잃고 빈 외양간을 고쳐봐야 소용이 없다는 말로 역설적으로 유비무환(有備無患)의 의미를 담고 있다. 경안천이 대표적인 예로 지금 한창 외양간을 고치고 있는 중이다. 용인시와 광주시가 개발되기 전에 경안천의 자연을 생각했어야 했다. 결국 경안천의 생태계는 파괴되고 이를 보다 못한 환경단체들의 요구로 습지를 조성하고 생태계를 복원하고 있다. 수십 년간 방치된 경안천이 그리 하루아침에 복구될 리 만무하다. 그것은 자연생태계를 원래의 위치로 되돌리는 복원이 아니라 인간의 거주환경을 바꾸는 공사이기 때문이다. 경안천에 유입되는 오폐수를 정화시키고 수변에 습지를 조성했다고 해서 생태계가 다시 살아나는 것은 아니다. 복원공사를 하면서 이미 많은 생태계가 파괴되었다. 인간을 위해 수로가 정비되고, 축대가 쌓이고, 자전거를 타기 위한 아스팔트 도로가 강변에 생겼다. 강이 숨을 쉬어야 하는 데, 숨을 쉴 곳은 점점 더 사라지고 있는 것이다. 경안천은 50km를 흘러 팔당호 앞 습지공원에서 겨우 한숨을 토한다. 또한 수백 년, 수천 년을 흐르며 길들여지고 다져진 강줄기를 공사로 이리저리 파헤쳐 놓았다. 아무리 인간이 자연을 극복하는 힘을 가지고 있다 한들 어찌 자연을 이길 수 있을까? 결국 자연은 인간의 이런 교활한 술수를 꾸짖는다. 2011년 여름 경안천이 범람하여 광주시 일대가 물바다가 되었다. 결국 자연생태계를 복원하겠다는 경안천은 인간을 위한 공사로 자연의 노여움을 산 것이다.

난 우리 아이들에게 이러한 일들을 만들어 주거나 물려주고 싶지 않다. 매번 무슨 일이 터지고 나면 소 잃고 외양간 고치는 행정이다. 미리 무엇인가를 대비하며 살아본 기억이 없다. 그러나 이미 소를 잃고 후회를 한다하더라도 이왕 고치는 거라면 지금부터라도 제대로 고쳐서 두 번 소를 잃어버리는 일이 없어야 할 것이다.

경기도 수원시 팔달구 / 장안구

화성 | 화성행궁

가장 과학적인 성

수원화성(華城)

화성 동북노대에서 바라본 동북공심돈

세계문화유산 수원화성

경기도 수원시의 중심에는 유네스코 세계문화유산으로 등재된 화성이 있다. 간혹 화성이 경기도 화성시에 있을 것으로 혼동하기도 하는데 이는 1949년 행정구역 개편 시 수원군 수원읍이 수원부로 승격되고 수원군의 나머지 지역을 화성군으로 신설하면서 그 명칭을 그대로 사용했기 때문이다. 이후 수원부는 수원시가 되었고, 화성군은 화성시가 되었다.

18세기에 축성된 수원화성은 중세 서양의 성들에 비해 200년이 조금 넘는 짧은 역사를 가지고 있다. 하지만 국내에 남아 있는 다른 성들에 비해 몇 가지 큰 특징을 가지고 있다. 첫째, 축성 당시의 그 원형이 지금까지 잘 보존되어 있고, 둘째, 화강암을 사용하던 기존 축성방식에서 벽돌을 사용하는 석전교축(石塼交築) 방식을 적용했고, 셋째, 실학을 기반으로 한 철학적인 사상을 내포하고 있는 매우 중요한 문화유산이다.

수원화성운영재단(hs.suwon.ne.kr)에서는 화성의 역사적인 의의를 실학에 두고 위민사상, 시설상의 특징, 공사실명제, 성역관리와 공사경영, 조선성곽의 꽃으로 설명하고 있다.

수원화성은 단순히 지어진 성이 아니라 철학적인 실학을 기반으로 지어졌다는 것이다. 다산 정약용을 비롯한 여러 실학자가 화성 축성에 참여했고, 거중기를 고안하고 벽돌로 축성했으며, 부역이 아닌 임금을 지급하는 일꾼을 고용했다는 것만 보아도 화성은 실학을 현실에 적용하여 실사구시(實事求是)를 몸소 실천한 대표적인 산물이라 할 수 있다. 또한 실학은 당시 지배구조의 기반이었던 성리학과 대립되는 학문이었다. 따라서 정조는 왕권강화와 정치개혁의 수단이 필요했고, 사도세자인 아버지에 대한 효를 실천하기 위한 방법으로 화성을 축성한 것이라 할 수 있다.

수원화성은 1997년에 세계문화유산으로 등재되었으며, 국내문화유산 중에서 유네스코 세계문화로 등재된 것은 창덕궁, 종묘, 조선왕릉, 석굴암, 불국사, 경주역사유적지구, 해인사장경판전, 고인돌유적, 제주 화산섬과 용암동굴, 하회마을과 양동마을이 있다.

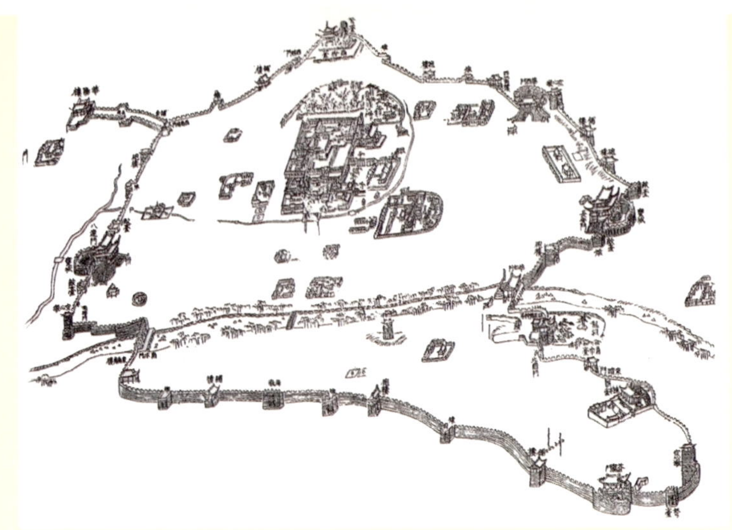

화성성역의궤(華城城役儀軌)는 수원화성(華城)을 짓고 나서 그 축성 경위를 기록한 공사보고서이다. 이 책에서는 공사를 진행하면서 관청 사이에 주고받은 공문서, 정조의 의견과 명령, 공사의 진행과정을 기록했고, 공사 참여자의 이름, 공역 일수, 임금과 각 시설물의 위치, 모습, 비용도 기록하였다. 또한 거중기와 같이 글로 설명할 수 없는 것들은 그림을 그려서 기록하였다. 후대에 와서 이 책은 화성 축성 당시의 토목공사의 기술과 경제 상황을 이해하는데 중요한 자료가 되고 있다.

화성과 사도세자, 그리고 정조

화성은 약 6km의 성곽으로 되어 있고 팔달문 주변의 미복원구역을 제외하고는 대부분 축성 당시의 원형을 그대로 보존하고 있다. 화성탐방은 성곽 위로 나 있는 길과 성 바깥쪽으로 나 있는 둘레길을 걸으면서 할 수 있다. 아이와 함께 담소를 나누고, 사진을 찍는다면 성곽 위로 걷는 것을 추천하고 싶다. 성곽 전체를 두루 돌아보는데 2~3시간 정도 걸린다. 걷는 것이 좀 힘겹다면 동장대에서 서장대를 왕복하는 화성열차를 이용할 수 있다.

아이와 함께 화성의 성곽을 걷는다면 화성의 축성배경을 설명해 주면 발걸음이 한결 가벼워지고 화성과 조선왕조에 대한 이런저런 얘기를 두루 할 수 있을 것이다.

화성 건립의 배경이 되는 조선 왕은 21대 영조, 사도세자, 22대 정조이다. 사도세자는 왕이 되기 전에 당파의 모략에 의해 죽었지만 후에 장조로 추대되었다. 화성의 축성은 사도세자와 관련이 깊다.

사도세자는 영조의 후궁인 영빈 이씨의 소생으로 이복형 효장세자가 있었으나 일찍 세상을 뜨는 바람에 세자에 책봉되었다. 15세에 영조의 대리청정을 할 정도로 매우 영특했다고 한다. 그러나 당시 정치 지배구조는 노론(老論)과 소론(小論)으로 나뉘었는데 영조는 노론을 사도세자는 소론을 지지하여 영조와 늘 대립을 하였다. 결국 당쟁의 모략으로 영조는 사도세자를 세자에서 폐하고 뒤주에 가둬 아사시켰다. 사도세자의 아들인 정조는 효장세자의 양자로 입적이 되었지만, 즉위 원년에 사도세자의 아들임을 분명이 밝혀 국왕의 생부로 존대했다고 한다.

정조가 즉위한 후에 아버지 사도세자의 무덤을 경기도 양주군에서 경기도 화성시로 옮겼다. 이곳이 현재 융릉으로 국왕 능묘 이상의 규모를 가지고 있다. 또한 이를 기리기 위해 용주사라는 절을 지었고 사후에도 부친의 곁에 묻히고 싶다하여 사도세자의 능 옆 건릉에 안장되었다고 한다. 정조의 이러한 지극한 효심은 아버지인 사도세자에 대한 그리움과 당쟁에 대한 왕권강화의 표상으로 수원화성과 화성행궁을 건립하게 된 것이다.

21대 영조 ▶ 효장세자(진종) ▶ **사도세자(장조)** ▶ **22대 정조**

화성 성곽길 걷기

본격적으로 화성 성곽길을 걸어보자. 화성은 어디서부터 걷기 시작하더라도 다시 원래의 위치로 돌아온다. 화성을 가로지르는 수원천을 중심으로 화성행궁이 위치한 서쪽은 성곽이 팔달산에 걸쳐있어 처음부터 힘겨운 산행을 해야 한다. 산이 낮다고 얕보면 안 된다. 성곽을 따라 오르고 내려오는 길은 등산로가 아니기 때문에 매우 가파르다. 따라서 평지인 동쪽 성곽부터 걸어보는 것이 좋을 것이다.

성곽길

성곽 둘레길

화성을 제대로 걸어보려면 화성을 구성하고 있는 각 시설물에 대한 명칭을 알아둘 필요가 있다. 화성은 성곽을 제외하고 문, 장대와 노대, 공심돈, 각루, 봉돈, 포루, 치, 적대로 구성되어 있다.

문은 대문과 수문, 그리고 암문으로 구분된다. 대문은 동서남북에 크게 세워진 성의 입구이다. 장안문, 팔달문, 창룡문, 화서문이 있다. 이중 팔달문은 주변에 번화가와 시장이 형성되어 성곽이 끊겨 도로 중앙에 있어 길 건너에서 멀찌감치 바라보는 아쉬움이 있다. 장안문은 화성의 북문이자 정문이다. 정조가 화성행궁을 위해 북쪽에서 내려오기 때문에 정문이 북문이 된 것이다. 모든 대문에는 옹성이 있는데, 문 앞쪽에 옹기 반쪽 모양의 반원형태의 외성을 말한다. 문은 화강암으로 만들었지만 옹성은 벽돌을 쌓아 만들었다. 옹성은 서울성곽의 동대문과 전주성의 풍남문에서도 볼 수 있는 방어시설이다.

창룡문과 옹성

 우리 아이에게 꼭! 알려주고 싶은 대한민국

수문(水門)은 수원천이 화성을 가로지르는 위쪽과 아래쪽 두 군데에 있다. 북쪽에 있는 북수문은 화홍문이라고 하는데 홍수를 대비해 세워졌다고 한다. 성안으로 유입되는 수원천의 수량을 조절하는 기능을 가지고 있다. 남수문과 달리 누각이 있고 수원팔경 중에 하나로 꼽힌다. 남수문은 현재 남아있지 않다.

수원 8경

제1경 광교적설 - 광교산에 눈쌓인 모습
제2경 팔달청람 - 안개에 감싸인 팔달산
제3경 남제장류 - 수원천 제방에 늘어선 버드나무
제4경 화산두견 - 화산의 두견새 울음소리
제5경 북지상련 - 북쪽연못(일왕 저수지)의 흰색 붉은색 연꽃
제6경 서호낙조 - 서호 노을에 드리운 여기산 그림자
제7경 화홍관창 - 화홍문의 비단결 폭포수
제8경 용지대월 - 용지에서 월출을 기다리는 경치

수원 화성 동장대 ⓒ Sean 2006

동북공심돈

암문(暗門)은 일종의 비상구이다. 누각이 없어 외부에 노출되지 않아 전시에 군수물자나 병력을 이동할 때 주로 사용되는 문이다. 숲이 우거진 곳이나 성곽의 후미진 곳에 만들어 외부에서는 좀처럼 찾기 힘들게 만들어 놓았다. 화성에는 동암문, 북암문, 서암문, 서남암문, 남암문이 있는데 이 중 남암문은 현재 남아 있지 않다.

장대(將臺)는 전쟁 또는 군사훈련 시, 최고 지휘자가 있는 곳을 말한다. 일종의 작전지휘소격이다. 화성의 장대는 두 곳으로 팔달산 정상에 있는 서장대와 창룡문 근처에 있는 동장대가 있다. 서장대는 정조가 친히 올라 군사훈련을 지켜보았다고 한다. 그러나 팔달산 정상에 있는 관계로 사방 100리가 훤히 내려다 보였기에 속내는 부왕인 사도세자의 무덤인 융릉을 바라보기 위함이 아니었나 생각된다. 연무대라고도 부르는 동장대는 실제 군사훈련을 관할하던 곳으로 앞쪽은 다른 지역에 비해 평탄한 지형을 갖추고 있다.

공심돈(空心墩)은 성곽 내에 있는 돈대이다. 돈대는 망루의 일종으로 적의 침입을 감지하고 공격할 수 있는 시설로 사방에 뚫린 구멍으로 화살과 대포를 발사할 수 있도록 되어 있다. 화성에는 동북공심돈, 남공심돈, 서북공심돈 3개가 있으며, 그 중에 동북공심돈이 가장 큰 시설물 중 하나이다.

각루(角樓)는 성 밖 주변을 관찰하기 쉽도록 성곽의 모서리나 다른 곳에 비해 높은 곳에 세운 누각이다. 화성에는 이러한 누각이 4개가 있다. 화홍문 오른쪽 언덕에 있는 동북각루는 방화수류정(訪花隨柳亭)이라고도 하는데 꽃을 쫓고 버드나무를 따라가는 아름다운 정자라는 의미이다. 그만큼 화성의 각루 중에서 뛰어난 건축미와 주변의 아름다운 경관과 잘 어우러진 각루라 할 수 있다. 성 밖에는 용연(용지)이라는 연못과 섬에서 자라고 있는 버드나무가 있다.

봉돈(烽墩)은 봉화시설이다. 팔달산과 마주보는 수원천 동쪽 성곽 위에 있다. 낮에는 연기로, 밤에는 불빛으로 신호를 전달하였다. 화성의 봉돈은 용인의 석성산 봉화와 서해안 흥천대 봉화와 서로 신호를 주고받았다.

포루는 포루(砲樓)와 포루(鋪樓)로 구분한다. 둘 다 적을 공격하는 시설이지만, 전자는 주로 대포를 발사하는 공격시설이고 후자는 치성에 누각을 올려 지은 것으로 초소나 군사대기 시설로 사용하였다.

치(稚)는 성을 성 밖으로 돌출시켜 밖을 엿보거나 성벽으로 접근하는 적을 공격하는 시설로 화성에는 10개의 치가 있다. '치'는 '꿩'을 말하는 것으로 자기 몸을 숨기고 주변을 잘 살펴보기 때문에 그 의미를 따서 치성이라고 한다.

적대(敵臺)는 치와 비슷한 시설로 성문과 옹성에 접근하는 적을 공격하는 시설물이다. 장안문과 팔달문 좌우에 각각 배치되어 화성에는 4개의 적대가 있었으나, 현재는 장안문의 북서적대와 북동적대 두 개만 남아 있다.

실사구시를 위한 사회

수원화성을 이야기하면 축성에 사용된 거중기를 빼놓을 수 없다. 거중기는 적은 힘으로 큰 물건을 들어 올릴 수 있는 장치로 수원화성 축성에서 처음 사용되었다. 이것을 고안한 사람이 정약용이다. 그는 당대 실학파의 한 인물이다. 따라서 수원화성은 실학의 결과물이라 할 수 있다.

실학(實學)은 실제 사용되는 학문이라는 의미를 가지고 있다. 실학이 등장하기 전에는 성리학과 같은 유교에 근간한 학문이 조선시대 주를 이루었지만 공리공담(空理空談) 즉, 아무 소용이 없는 헛된 말만 일삼는다 하여 허학(虛學)이라 불렀다. 영조와 정조 시대를 거치면서 노론과 서론으로 구분되는 지배계급의 당쟁은 더 이상 당시의 사회상을 극복하기가 어려웠다. 이러한 과정에서 사도세자가 죽고 정조는 실학을 적극적으로 받아들여 정치, 사회, 민생문제를 타파하려고 하였다. 실학은 실사구시지학(實事求是之學)의 약자로 실제 사물에서 진리를 찾는다는 의미로 성리학의 관념적이고 경직된 사상을 비판했다.

수원화성에는 실사구시를 바탕으로 대다수의 민중인 농민을 위해 토지개혁을 추구한 경세치용과 청으로부터 새로운 문물을 적극적으로 받아들여 부국강병을 이루고자 하는 이용후생의 철학적인 이념이 담겨져 있다. 축성에 참여한 노동자에게 임금을 지급하고 성과에 따라 성과급을 지급했으며, 거중기를 만들어 공사기간을 단축하고, 공사실명제를 도입하여 부실공사나 비리가 일어나지 않게 했다. 그렇게 하였기에 28개월이라는 짧은 기간에 500칸의 화성행궁과 10칸이 넘는 성곽을 건설할 수 있었던 것이다.

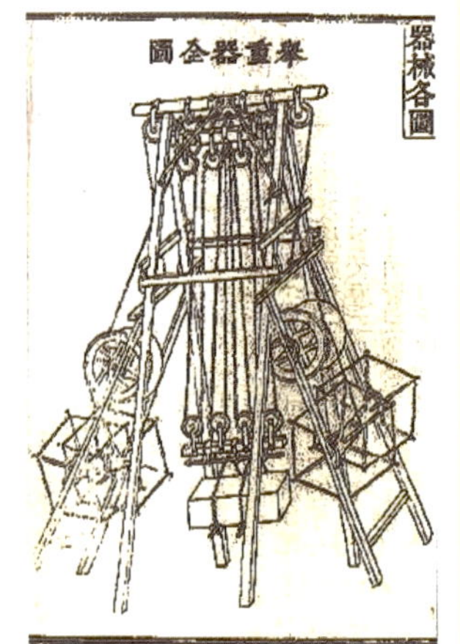

화성의궤 _ 거중기

아이에게 알려주고 싶은 한마디

수원화성 성곽길을 돌아보면서 지금 가장 필요한 것이 실학과 같은 생각과 행동이 아닌가 생각해 본다. 국회에서 보이는 정치가들의 탁상공론은 더 이상 대한민국의 미래를 밝히지 못하고 있다. 여전히 부정부패와 비리 소식이 끊이지 않는다. 자본의 힘 아래 많은 국민들이 서글프게 울고 빈부격차가 극에 달하고 있는 미래를 우리 아이들에게 물려주기에는 많은 부모의 가슴이 아프다. 기득권층이 그들의 권력을 유지하기 위해 대다수의 국민을 수단으로 밖에 생각하지 않는 나라를 보여주고 싶지 않다.

필자의 바람은 아이가 자라면서 세상을 올바르게 보고 많은 생각을 하며, 자유롭게 행동할 수 있었으면 하는 것이다. 우리 아이들이 이 사회가 보여주고 가르쳐주는 것이 제대로 되고 올바른 것이라 받아들인다면 지금보다 더 나아지는 것은 없을 것이다.

수원화성 QR코드

충남 서산시 운산면 신창리 상왕산

신창제 | 일주문 | 세심동 | 개심사 연못 |
안양루 | 심검당 | 대웅보전

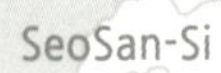

마음을 여는 곳

개심사(開心寺)

마음을 열자

개심사(開心寺)는 '마음을 여는 절'이라는 의미를 담고 있다. 전국에 수많은 사찰이 있지만, 이처럼 감성을 불러오는 절 이름이 또 어디 있을까? 그 정도로 소박하면서도 답답한 마음이 확 열릴 것 같은 느낌이 든다.

필자가 개심사를 찾은 것은 이상기후로 3월 말에 폭설이 내린 어느 날이었다. 여행을 다니며 정한 규칙 중에 하나가 고속도로를 타지 않는 것이다. 그 이유는 여행지에 가고 되돌아오는 길에 너무 많은 것을 놓치기 때문이다. 비록 시간은 두 배로 걸리더라도 조금 부지런만 떨면 큰 차이가 나지 않는다. 개심사도 그런 연유에서 찾게 되었다. 서산 해미읍성을 두 차례 다녀오면서 집으로 되돌아오는 647번 지방도에서 두 번이나 마주친 개심사 입구 간판이 눈에 아른거려 결국 이곳을 찾게 되었다.

梵鍾閣

개심사 일주문

해미면에서 운산면으로 이어지는 647번 지방도를 반쯤 가다보면 신창제라는 저수지가 있다. 이곳이 개심사로 들어가는 초입이다. 저수지변을 따라 구불구불하게 나있는 길과 주변의 풍경이 사뭇 잘 어울린다. 가을에 오면 수면에 비친 단풍의 반영이 더 아름다울 것이라 상상하며 가다보면 어느새 개심사 일주문 앞 주차장에 들어서게 된다. 대형 사찰들이 문화재 관리명목으로 입장료를 징수하는 것에 비해 개심사는 주차장도 무료이고 입장료도 없다. 또한 신라시대에 창건된 고찰임에도 주변에는 음식점 몇 개가 있는 정도로 한산했다.

개심사는 충청남도의 4대 사찰 중 하나로, 654년에 백제 혜감국사가 창건하여 개원사(開元寺)로 불리다 1350년 처능 스님이 중건하면서 개심사로 불리고 있다. 대웅전의 기단이 백제 때의 것이고 현존 건물은 1475년(성종 6년)에 산불로 소실된 것을 1484년(성종 15년)에 중건하여 오늘에 이르고 있다.

대웅전(보물 143호)은 창건 당시 기단 위에 다포식과 주심포식을 절충한 건축양식으로 그 축조기법이 미려하여 건축예술의 극치를 이루고 있다. 경내의 마당을 중심으로 대웅전과 안양루가 남북으로 배치되었고 동서로는 무량수각과 심검당이 있다. 또한 이곳에는 명부전을 비롯한 영산회괘불탱(보물 1264호), 아미타본존불, 관경변상도, 칠성탱화, 오층석탑, 22종의 경전 목판 등의 자료가 있다. (일주문 앞 개심사 안내문에서)

일주문을 지나 소나무 숲길을 걷는다. 우측으로 작은 시내가 있어 졸졸 흐르는 시냇물 소리를 벗삼아 걷다보면 갈림길이 나오는데 좌측에 있

세심동 돌계단

는 돌계단이 개심사로 가는 길이다. 돌계단 입구에는 세심동(洗心洞), 개심사입구라는 한자가 적힌 두 개의 돌이 양 옆으로 세워져있다. 세심동은 '마음을 씻는 골짜기'라는 의미로 개심사로 들어가는 이 돌계단 길을 지칭하는 것이다. 따라서 개심사로 올라가는 돌계단을 밟으며 세속의 마음을 하나씩 씻어가며 오르라는 의미 인듯하다.

아이에게 알려주고 싶은 한마디

사랑의 반대말은 무관심이라 발자크가 말했다. 무관심은 대화의 부재를 만들고 서로에 대해 오해를 만들게 된다. 이는 비단 사랑하는 연인사이에서만 통용되는 것은 아니다. 아이와 부모사이에도 엄연히 사랑이 존재한다. 부모가 아이에게 무관심해지면 대화가 줄어들고 아이는 부모를 오해할 것이다. 이럴 때 개심사에 가보자. 일주문 입구에서 '개심'의 의미를 차근차근 이야기 해주며 아이가 가지고 있는 오해를 대화로 풀어보자. 전국에 마음을 열고 아이와 대화를 할 수 있는 이처럼 좋은 곳이 또 어디 있겠는가? 일주문에서 세심동 입구까지, 다시 세심동 돌계단을 밟아 올라가면서 개심사까지 대화를 이어가보자. 짧은 거리지만 아이는 부모가 먼저 마음을 열어 이야기하는 것을 사랑으로 들을 것이다. 아이도 부모에게 조금씩 마음을 열고 다가가지 않을까 생각한다.

개심사의 연못

 우리 아이에게 꼭! 알려주고 싶은 대한민국

사각형 연못과 청벚나무

세심동 골짜기를 따라 나있는 돌계단을 하나씩 딛고 오를 때마다 마음
이 한결 깨끗해짐을 느끼는 것은 세심동이라는 이름 때문만은 아닐 것이
다. 누구에게나 마음속에 깨끗이 지우고 싶은 것 하나쯤은 삭히고 있
기 때문일 것이다.

개심사 경내로 들어서면 제일 먼저 직사각형의 연못과 마주친다. 일반
적인 연못은 각이 지지 않고 둥근 모양을 한 것이 많은데 개심사의 연
못은 직사각형이다. 이 연못은 개심사가 위치한 상왕산과 관련이 있다.
상왕산(象王山)은 코끼리의 모양새를 하고 있다고 하여 붙여진 이름인
데 코끼리는 부처님을 상징한다고 한다. 그 코끼리 중에 상왕 즉, 코끼
리의 왕이 목이 마르다하여 그 갈증을 풀어주기 위해 직사각형의 연못
을 만들었다고 전해진다. 또한 연못 중앙에는 외나무다리가 하나 있는
데 이 다리를 건너 해탈문을 지나야 대웅전을 갈 수 있다. 세심동 돌계
단으로 오르면서 마음을 씻지 못하고 왔다면 외나무다리를 건널 때 연
못에 빠질 것 같은 불안한 마음이 들지도 모르겠다. 외나무다리는 통나
무를 반으로 쪼개 맞붙여 놓았는데 혼자 걷기에는 충분하다. 그러나 반
대쪽에서 누군가 건너온다면 조금은 비좁을 수도 있다. 외나무다리를
건너 작은 돌계단을 올라 안양루 옆의 해탈문으로 들어서면 바로 개심
사의 대웅전인 대웅보전(大雄寶殿)이 있다.

필자는 개심사를 봄과 여름에 가보았는데 이왕 찾아가는 거라면 꽃피
는 봄이 좋을 것이다. 개심사에는 벚꽃이 자랑할 만한데 벚꽃길 같은
것은 없다. 다른 지역에 비해 벚꽃이 피는 시기가 좀 늦은 편이지만 일
단 벚꽃이 피기 시작하면 개심사 전체가 꽃대궐이라 부를 만큼 장관을
이룬다. 서울이 4월 중순에 벚꽃이 핀다면 1~2주 늦게 개화한다고 한

안양루 오른쪽에 대웅전으로
들어가는 입구인 해탈문

다. 봄이 되면 많은 여행사들이 벚꽃여행 상품을 내놓는데 개심사의 벚꽃여행도 늘 포함된다. 그 이유는 그만큼 사찰과 어우러진 벚꽃의 아름다운 풍경은 두말할 것도 없지만 다른 곳에서는 볼 수 없는 청벚꽃이 있기 때문이다. 꽃잎이 푸른빛을 띠는 청벚꽃은 전국에서 유일하게 개심사에서만 핀다고 한다.

벚꽃은 불교에서 극락을 상징한다고 한다. 특히 절에 피는 벚꽃은 '피안앵(彼岸櫻)'이라고 한다. 피안앵은 극락의 선경처럼 아름다운 절집의 벚꽃 풍경을 의미한다. 즉, 세상근심을 잊고 극락을 생각하게 하는 꽃이라는 의미를 담고 있다.

있는 그대로의 모습

개심사에 들르면 놓치지 말고 보아야할 것이 있는데 건물의 기둥이다. 범종각, 심검당, 해탈문, 요사체의 기둥은 올곧게 뻗은 나무를 사용하지 않았다. 다른 사찰건물의 기둥과는 대조적으로 나무의 휘어진 모양 그대로 건물의 기둥으로 사용했다. 어찌 보면 나무가 자라 뿌리를 내린 곳에 건물을 지은 것 같이 보여진다.

대형 사찰들이 건물의 웅장함이나 절제된 건축미를 강조하기 위해 올곧은 기둥을 사용했다면, 개심사 건물의 기둥은 자연이 만들어 낸 모양 그대로 소박한 아름다움을 느끼게 해준다. 특히 대웅전 앞 왼쪽에 자리 잡고 있는 심검당의 기둥과 서까래 등에 사용된 나무들은 모두 자연 그대로의 휘어진 것을 전혀 다듬지 않고 사용한 것을 알 수 있다. 저런 구조로 수백 년을 버텨왔다니 놀랍지 않을 수 없다. 더구나 심검당에는 단청조차 없어 개심사 내의 다른 건물들에서 느끼지 못하는 산사의 소박함을 찾을 수 있다.

범종각의 기둥

심검당의 기둥과 서까래

개심사 QR코드

16번째 여행지

강원도 춘천시 남산면 강촌리

강촌역 | 백양리역 | 경강역

스무 살의 기억이 머무는 곳

강촌(江村)

이제 더 이상 기차가 서지 않는 옛 경춘선 경강역

추억과 낭만이 있는 곳

"자~ 떠나자. 동해바다로~ 삼등삼등 완행열차 기차를 타고~"

송창식이 부른 고래사냥이라는 노래의 후렴구다. 동해바다 어디로 고래를 잡으러 가는지는 노래가사에 나오지 않지만 국내에서 고래잡이로 유명한 곳은 울산 장생포다. 이곳엔 고래박물관이 있다. 하지만 필자는 대학 때 이 노래를 부르며 경춘선 열차를 타고 강촌에 갔다. 노래에서 의미하는 동해바다와 고래는 상징적인 것이었기 때문에 어느 누구도 경춘선 기차에서 고래사냥 노래를 부르는 것을 이상하게 생각하지 않았다. 당시 완행열차는 최하위 등급인 비둘기호라는 이름을 가진 열차로 간이역을 포함한 모든 역에서 정차하였다. 운행시간은 오래 걸렸지만 비용이 적게 들었기 때문에 학생들과 서민들에게는 인기 있는 여객 수단이었고, 사이다와 삶은 계란을 대표하는 열차로 각인되었다. 지금은 경춘선이 전철로 바뀌었고, 열차도 새로 들여와 예전의 그 느낌이 나지 않는다. 이제는 경춘선 객차 어디선가 고래사냥 통기타 반주가 흘러나오면 다함께 부르던 아련한 기억이 서서히 잊혀져가고, 그때의 그리움을 아쉬움 속에 묻을 수밖에 없는 것 같다.

전철화가 된 경춘선은 서울 상봉역에서 출발하지만, 예전에는 서울 청량리역에서 출발하여 성북역을 거쳐 경기도 동부의 남양주시, 가평군을 지나 춘천에 도착했다. 이 경춘선 길 주변에는 대학생들의 MT 장소가 꽤 많았다. 대성리, 청평, 가평, 강촌, 춘천 등은 서울에서 가깝고, 기차로 많은 사람들이 적은 비용으로 편리하게 갈 수 있었기 때문에 인기도 많았다. 그중에서도 강촌은 경기도를 벗어나 강원도로 들어간 직후에 있어서 다른 곳에 비해 설레는 기분이 더 들었던 것 같다.

경춘선 전철화로 폐쇄된
구 강촌역

경춘선의 강원도 첫 번째 역은 경강역이고, 두 번째 역은 백양리역이다. 강촌역이 세 번째 역인데 많은 사람들이 이곳을 더 많이 찾는 이유는 이곳이 유원지이기 때문이다. 또한 당시에는 열차 등급이 있었던 시기였기 때문에 경강역과 백양리역에는 모든 열차가 정차하지는 않았고, MT를 즐길만한 숙박시설이 그다지 많지 않았던 것으로 기억한다. 지금은 북한강변을 따라 지어진 펜션과 스키장이 생겨 강촌만큼이나 붐비는 곳이 되었다.

지금도 매학기 학생들과 MT를 가지만 예전의 느낌을 느끼지 못하는 것은 아마도 그만큼 나이를 먹었기 때문이 아닌가 생각하며 스스로를 위로 한다. 그렇다고 필자의 학창시절 MT에 특별한 것이 있는 것은 아니다. 지금 생각해보면 1박2일의 짧은 기간에 밤새 술잔을 기울이며 사회, 정치, 학업, 진로를 고민하고, 후배들의 연애상담을 들어주는 것이 전부였다. 그래도 기억에 가물거리며 남아 있는 것은 MT의 하이라이트인 모닥불이었던 것 같다. 캠프파이어가 끝나고 남아 있는 불씨를 살려

모닥불을 피우고 삼삼오오 모여 앉아 붉게 물든 얼굴을 바라보며 서로에 대한 진정어린 마음과 생각으로 나누던 그 말들이 지금의 내가 있는 원천이 되지 않았나 생각한다. 또한 이런 스무 살의 기억이 머물렀던 곳이 있었다는 것에 감사할 따름이다. 그래서인지 스무 살의 기억이 떠오르면 그때를 생각하며 이곳을 홀로 찾게 되는 것 같다.

아이에게 알려주고 싶은 한마디

나의 아이가 자라 부모가 아닌 다른 사람과 혹은 혼자서 여행할 나이가 된다면 아마도 필자와 같은 스무 살 쯤이 될 것이다. 그 전이라도 상관없고 그곳이 강촌이 아니어도 상관없다. 그 여행에서 시간이 지난 언젠가 회상할 수 있는 그때의 추억을 남길 수 있는 곳이면 충분하다.

"사람이 살아가면서 자신이 이루고자 하는 목표를 향해 너무 앞만 보고 가는 것보다 추억이 남겨진 곳 하나 정도는 마음 한쪽에 비상약처럼 간직하다가 스스로 치유가 필요할 때 가끔은 그곳에 가 자신의 아름다웠던 추억을 되돌아 볼 수 있는 여유를 가졌으면 좋겠다."

경기도와 강원도의 경계에서

경춘선이 전철화 되면서 기존의 역들이 대부분 폐쇄되었고 주변 관광지 인근으로 이전하였다. 강촌역은 강촌교 옆 절벽에 위치해 있었지만 강촌유원지 중심의 강촌유스호스텔 앞으로 옮겼다. 백양리역은 리조트가 생기면서 그 앞으로 이전했고, 강경역 또한 인근 골프장 앞으로 이전했다. 이 세 개의 역이 이전하다보니 폐역이 된 곳들은 이제 아련한 옛 추억만 고스란히 간직하게 된 셈이다.

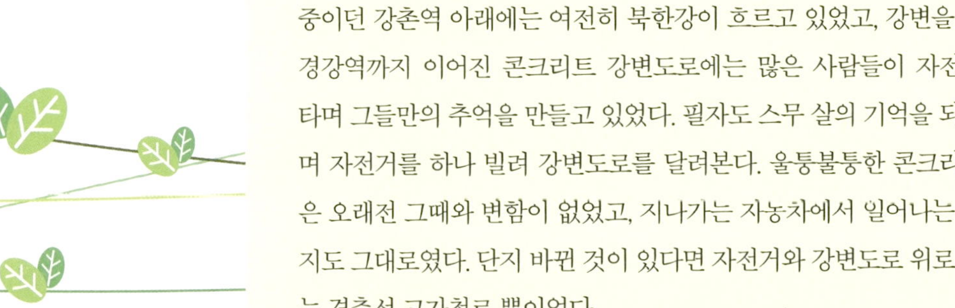

강촌역 아래 강변도로 입구에 남아있는 옛 강촌교의 교각 이곳에 인근 카페에서 화이트 벨을 메달아 놓았다. 화이트 벨은 기원전 300년 전부터 전해지는 메소포타미아 바빌론의 전설로 하나님이 선물한 사랑의 종을 울리면 인간의 증오, 슬픔, 시기, 질투가 사라졌다고 한다. 그러나 인간의 자만심으로 어느 때부터인가 종을 울리지 않게 되자 화이트 벨은 티그리스 강바닥으로 떨어져버렸다고 한다. 그때부터 인간의 영원한 사랑도 끝이 났다고 한다. 그 의미를 이곳에 담아 화이트 벨을 울리면 사랑이 시작된다고 한다. 쓸모없는 폐건축물을 활용한 발상이 돋보인다.

필자가 강촌을 다시 찾았을 때에는 전철공사가 한창이었다. 아직 운영 중이던 강촌역 아래에는 여전히 북한강이 흐르고 있었고, 강변을 따라 경강역까지 이어진 콘크리트 강변도로에는 많은 사람들이 자전거를 타며 그들만의 추억을 만들고 있었다. 필자도 스무 살의 기억을 되살리며 자전거를 하나 빌려 강변도로를 달려본다. 울퉁불퉁한 콘크리트길은 오래전 그때와 변함이 없었고, 지나가는 자농차에서 일어나는 흙번지도 그대로였다. 단지 바뀐 것이 있다면 자전거와 강변도로 위로 나있는 경춘선 고가철로 뿐이었다.

강변도로를 2km 정도 달리다 보면 왼쪽으로 백양리역이 보인다. 폐쇄되기 전에도 무인역으로 운영되었던 작은 역이다. 현재는 기차가 다니지 않기 때문에 언제 철거될지 모르지만, 옛 간이역의 정취를 조금이나마 느낄 수 있는 곳이다. 백양리역을 지나 다시 2km 더 가면 새로 지은 백양리역이 나온다. 여기서 4km를 더 가야 경강역을 만날 수 있다. 경강역은 백양리역과는 달리 역무원이 근무를 했던 곳으로 붉은 벽돌로 제법 역사답게 지어졌다. 이 역은 영화「편지」와 드라마「천국의 계단」의 촬영지로 많은 사람들에게 알려진 탓에 그나마 명맥을 유지해왔으나, 신역사가 인근 골프장 앞으로 옮겨지는 바람에 폐쇄의 운명을 걷게 되었다.

북한강변을 따라 강촌역에서 경강역까지 이어진 강변도로 차량통행이 가능하며 강촌역에서 경강역까지 대략 8km 정도 된다.

구 경춘선의 경강역
폐쇄되기 전의 모습

경강역은 행정구역상 춘천시에 속해있지만, 경기도와 강원도의 경계지점에 있다하여 경강역이라 명명되었다. 원래는 역이 위치한 지역명인 서천리를 따서 서천역이라 불렀으나, 장항선의 서천역과 혼동되어 경강역으로 바꾼 것이다. 지금은 신역사가 굴봉산으로 이전하여 굴봉산역이 되었다.

산업화는 도시를 콘크리트 정글로 만들어 놓았다. 사람들은 일주일간 그 안에서 아옹다옹 지내다가 주말이면 숨을 쉬기 위해 도시를 탈출한다. 비록 산과 강, 나무들이 주변에 많다하더라도 도시에서 생활하던 그 스타일이 그대로 이어진다. 산업화는 도시만 바꾼 것이 아니라 사람들의 라이프스타일도 바꿔놓았기 때문이다. 조금은 불편하게 다니는 것이 여행의 진면목인데 전국 어디를 가도 휴대폰과 인터넷이 연결되고, 집에서 생활하는 것과 별반 차이를 느끼지 못할 정도의 편의시설이 있다면 그건 여행이라 볼 수 없을 것이다. 그래서인지 사람들은 추억거리를 남기기 위해 체험행사 같은 것에 참여를 한다. 직접적이던 간접적이던 무언가를 체험한다는 것에 반대할 이유는 없을 것이다. 하지만 이러한 체험이 인위적이고 일회성으로 만들어지기 때문에 여행에서 기억되는 추억도 이제는 인위적인 것이 되어가고 있는 듯하다.

또한 문화, 지역, 역사적인 의미를 가지고 있는 것을 없애고 최신시설로 바꾼다고 여행의 품격이 높아지는 것은 아닐 것이다. 앞서 이야기 한데로 여행은 조금 불편해야 제 맛이다. 잠자리, 화장실, 교통, 날씨 등 이러한 것들이 여행이라는 노트에 기록되는 추억이 된다. 경춘선의 많은 역들이 이전되고 새로 지어졌다. 더 이상 역 앞에서 민박을 호객하는 아주머니들의 목소리를 들을 수 없을지도 모른다. 주변에 많은 펜션들이 지어지고 대규모 휴양시설과 골프장이 들어섰다고 해서 기존시설들을 방치하거나 폐쇄한다면 강촌은 더 이상 추억거리를 만들어 내지 못할지도 모른다. 그리고 내 아이에게 해주고 싶은 스무 살의 추억을 이제는 꺼낼 수 없는 기억으로 묻어버려야 할지도 모르겠다.

강촌 QR코드

경북 경주시 인묘동 / 인왕동 / 교동

안압지 | 반월성 | 첨성대 | 계림 | 최씨고택

천년 고도 경주

세계문화유산
월성지구(月城地區)

신라의 달밤
첨성대에서 바라본 경주 월성의 야경 ⓒ Sean 2006

도시 전체가 세계문화유산인 경주

"절들은 하늘의 별처럼 늘어서 있고 탑들은 기러기처럼 줄지어 있다."
경주문화관광 홈페이지(http://guide.gyeongju.go.kr)에 들어가니
이런 문구가 눈에 들어왔다. 그만큼 경주가 신라의 수도로 건재했던 천
여 년 전에는 그만큼 사찰과 탑들이 많았음을 알 수 있다. 시간이 흐른
지금 그때의 모습을 볼 수는 없지만 불국사, 첨성대와 더불어 경주 전
체가 세계문화유산으로 지정될 만큼 천년 고도의 역사와 수많은 유적
들을 지금도 고스란히 간직하고 있다.

세계문화유산인 경주는 다섯 개의 권역으로 나누어 질 만큼 규모가 클
뿐만 아니라, 각 지역별로 구별되는 문화적인 특색을 가지고 있다. 경주
관광을 하기 전에 다섯 개의 권역별로 계획을 짠다면 보다 알찬 여행이
될 것 같다.

2000년 12월 세계유산으로 등록된 경주역사유적지구는 신라의 역사와 문화를 한눈에
파악할 수 있을 만큼 다양한 유산이 산재해 있는 종합역사지구로서 유적의 성격에 따라
모두 5개 지구로 나누어져 있다. 불교미술의 보고인 남산지구, 천년왕조의 궁궐터인 월
성지구, 신라왕을 비롯한 고분군 분포지역인 대능원지구, 신라불교의 정수인 황룡사지
구, 왕경 방어시설의 핵심인 산성지구로 구분되어 있으며 52개의 지정문화재가 세계유
산지역에 포함되어 있다.
-경주문화관광 홈페이지-

필자의 이번 경주 방문은 두 번째이다. 업무 차 서울에서 부산으로 내
려갈 때 경주 톨게이트나 경주역을 지나간 적은 많지만, 제대로 발을
디디며 돌아본 것은 고등학교 수학여행 이후로 25년 만이다. 그만큼 서
울에서 거리가 멀다고는 하지만, 애써 찾아가지 않은 이유는 경주를 대
표하는 불국사, 석굴암, 황룡사지, 첨성대 등 수많은 유적지를 책이나
신문, TV와 같은 매체에서 자주 접해서 그만큼 경주에 대해 많이 알고
있다고 생각했기 때문일 것이다. 그러나 한 TV 프로그램의 대하드라마

인「선덕여왕」을 보면서 역사적 배경과 등장인물들을 나름 찾다보니 신라에 대한 관심이 부쩍 많아졌다. 특히 개별적인 유적이 아니라, 경주 전체를 보아야하겠다는 욕심이 들었다. 그래서 이듬해 봄에 경주 땅을 다시 밟게 되었다.

아이에게 알려주고 싶은 한마디

아이들의 역사교육을 위해 시간과 비용을 들여 역사적인 의미가 담긴 곳을 찾아 가는 것은 매우 좋은 방법이다. 단편적인 내용이 기술된 역사책을 보기보다는 직접 그 장소에 가서 보고 느끼고 만지면서 배우는 것이 아이들에게 더 필요할 것이다. 예전에 비해 늘어나는 정보만큼 잘못된 정보도 많고, 역사의 기준이 학계나 단체에 따라 다른 해석을 하기 때문에 올바른 역사관을 정립하기 위해서는 아이 스스로가 실제 있는 것을 그대로 받아들이며 역사적인 의미를 찾는 습관을 들이는 것이 중요하다. 역사는 누구의 강요에 의해 가르쳐 지는 것은 아니지만, 최소한 아이 스스로가 판단할 수 있는 여건은 부모가 만들어 주어야 한다.

우리는 그동안 명확히 고증되지 않은 역사를 가르치는 대로 배워왔다. 그리고 그것을 우리 아이들에게 또 가르치고 있다. 특히 상고사, 삼국시대의 역사는 당시 문헌이 없다는 이유로 후대에 쓰인 삼국사기와 삼국유사라는 두 책에 거의 의존하다시피 해왔고, 그것을 역사적 사실로 받아들였다. 그러나 우리가 지금까지 배워온 것들은 역사적인 사실이라기보다는 역사학자들의 추측들이 대부분이다. 추측은 당시에 살지 않는 한 가설일 뿐, 역사적 사실이 아니다. 가설은 여러 개가 나올 수 있지만, 우리는 하나만을 배우고 그것을 시험지의 정답으로 써왔던 것이다.

안압지의 야경 ⓒ Sean 2006

안압지의 봄

경주를 찾는다면 봄이 좋을 것이다. 경주 톨게이트에서 국립경주박물관에 이르는 길가의 벚꽃과 안압지와 반월성에 핀 유채꽃이 아름다운 시기이다. 또한 여름에 비해 낮의 길이가 짧기 때문에 밤이 되면 낮보다 더 화려한 경주의 야경을 일찍 볼 수 있다. 특히 경주의 야경 대명사로 알려진 안압지(雁鴨池)는 24시간 개방되기 때문에 낮보다는 밤에 더 많은 사람들이 찾는 곳이다. 낮에는 안압지 앞과 반월성 내에 조성된 유채꽃밭에서 사진을 찍고 밤에는 안압지의 야경을 사진에 담을 수 있다.

삼국사기에 안압지는 신라 문무왕 14년(674년)에 조성된 임해전(臨海殿)에 딸린 연못으로 기록되어 있다. 경주 안내지도를 보면 이곳을 임해전지라고 표기해 놓았는데, 임해전은 월성의 별궁으로 동궁 내에 창건된 정궁이다. 지금은 그 터만 남아있고 안압지 주변에 누각만 복원해 놓았다. 삼국사기에는 안압지라는 이름이 나오지 않고 궁 안에 못으로 기록되어 있다. 1980년대 이곳을 조사발굴하면서 '월지(月池)'라고 새겨진 토기파편이 발견되었고, 임해전을 월지궁이라 불렀다는 것으로 안압지의 원래 명칭은 월지였을 것으로 추측한다고 한다. 안압지라는 명칭은 신라멸망 이후, 본래의 모습을 잃고 조선시대부터 폐허가 된 곳에 기러기와 오리가 날아들어 붙여진 것이라 한다.

임해전은 '바다를 바라보는 궁전'이라는 의미로 당시 안압지가 바다를 상징했음을 알 수 있다. 그래서인지 안압지는 조성 당시 어느 곳에서 보아도 연못이 한눈에 들어오지 않도록 굴곡을 만들어 놓아 그 끝을 알 수 없어 바다처럼 보이게 했고, 연못 내에는 세 개의 섬을 만들었고, 북쪽과 동쪽에는 12개의 봉우리를 가진 산을 만들었다. 그만큼 자연적인 분위기를 만들려고 했던 것만은 분명한 것 같다.

지금 우리가 보는 안압지는 아름답지만 그 반쪽만 복원해 놓고 보고 있는 셈이다. 안압지 서쪽으로 있었던 임해전이 남아있었다면 아마 서울 경복궁의 경회루와 견주었을 지도 모르겠다. 안압지를 아름다운 경치만 바라보며 감상만 한다면 그 역시 반쪽만 아는 것에 지나지 않는다. 안압지는 연회를 위해 지어졌고 더구나 궁내에 있었다는 것은 당시 왕족과 지배계층을 위한 장소라는 것이다. 연회란 다양한 의미로 해석할

수 있겠지만, 아마도 지금의 연회와 크게 다를 바가 없을 것이다. 그 연회에서 무엇을 했는지 알려진 것은 없지만, 일반 대중들을 위한 잔치가 아니라 그들만의 잔치라는 것만은 분명하지 않을까 생각한다.

경주 월성

임해전지 앞 7번 국도 건너편에 신라의 도성인 월성이 있다. 성의 모양이 반달처럼 생겼다하여 반월성(半月城), 초승달 모양을 하고 있다하여 신월성, 왕이 살고 있다하여 재성(在城)이라고 부른다. 위성사진을 보면 성의 전체적인 모습이 반달처럼 보이지는 않는다. 그러나 경주에서 제공하는 관광안내지도를 보니 성의 윤곽을 초승달처럼 그려놓았다. 반월성은 조선시대부터 부르던 이름으로 일반적으로 반달 모양의 구릉 위에 지어지거나, 반달 모양의 성곽을 가진 성을 총칭한다. 중요한 것은 이곳이 신라의 역대 왕들이 지냈던 궁궐이라는 것이다.

경주 관광안내도에 표시된
경주 월성의 모양

임해전에서 길을 건너면 월성으로 들어가는 문터가 있다. 문무왕 때 임해전, 안압지, 첨성대 일대를 월성에 편입하여 그 규모를 확장하였다고 한다. 하지만 월성은 임해전지처럼 그 터만 남아 있어 신라의 화려한 궁궐을 볼 수 없어 아쉬울 따름이다. 월성 내로 들어서면 소나무 숲과 푸른 잔디만 눈에 들어온다. 성의 모양새나 건물들은 찾아 볼 수 없다. 북쪽으로 자연지형을 이용한 성곽일부가 남아 있고 성내에는 반월성 표지석과 석빙고가 있다.

경주 월성에는 해자(垓字)라는 독특한 방어시설이 있다. 해자는 성의 방어를 위해 성 밖으로 둘러 판 못을 의미한다. 한반도에 현존하는 성들 대부분이 산에 지어진 성인 점을 감안한다면 해자는 독특한 시설이 아닐 수 없다. 지금까지 한반도에서 발견된 해자는 서울 몽촌토성 주변, 서울 풍납토성, 평양 장안성, 그리고 경주 월성이 유일하다. 경주 월성 해자에 관한 글이 동아일보(1986.07.01.)에 다음과 같이 실렸다.

이 해자는 월성 남쪽으로 흐르는 남천 물을 이용해 담수했을 것으로 추정된다. 현재 물을 끌어들였을 도수로와 물이 나가는 배수로, 해자를 가로질렀던 다리를 찾는데 발굴 노력이 집중되고 있다. 몽촌토성의 경우 아시안 게임 이전에 복원 정비해야 한다는 공기에 쫓겨 다리는 물론 도수로, 배수로도 찾지 못한 채 펌프를 이용 인공담수를 했으나, 월성해자는 남천과 연결, 자연적으로 담수시킬 계획이다. 따라서 월성해자가 88년 여름쯤 완성될 경우, 원래 옛 모습 그대로의 해자를 처음 볼 수 있게 된다. 조단장(발굴단 단장)은 도수로로 보이는 폭 70cm, 깊이 50cm 가량의 돌로 만든 하향의 도량을 발견했으나 당시에 만든 것인지 후대에 만든 것인지 확인이 안 돼 정밀 조사 중이라 한다.

이 기사가 20년도 넘은 것이니 이미 복원은 끝났을 것이다. 그러나 막상 반월성 북쪽 성곽에 올라 보면 몽촌토성의 해자처럼 물이 차인 모습과 생각했던 만큼의 규모는 기대할 수는 없었다. 그 자리를 대신하고 있는 것은 노랗게 만발한 드넓은 유채꽃밭과 그 사이로 난 도수로뿐이다.

경주 월성의 해자 도수로

 우리 아이에게 꼭! 알려주고 싶은 대한민국

경주 월성을 돌아 본 후, 필자는 '반월성(신라궁궐) 복원'이라는 기사를 접했다. 문화재를 복원하는 것은 좋은 일이지만 썩 달갑지만은 않았다. 과연 사라진 궁궐을 수천억의 예산을 들여 복원할 필요가 있을까 하는 것이다. 문화재는 있는 그대로 주는 의미가 가장 클 것이다. 그것이 역사이고 더 이상의 손실을 주지 않은 채로 후손에게 물려주어야 하는 것이다. 무엇인가를 새로 만들어 그것에 또 다른 의미를 부여한다는 것은 기존의 역사성을 왜곡하는 것이기 때문이다. 필자는 우리 아이들에게 이렇게 인위적으로 만들어진 경주의 문화재와 역사를 보여주고 싶지는 않다. 경주가 세계문화유산으로 등재된 것은 경주 월성 복원 때문이 아니다. 경주 자체가 가지고 있는 문화재와 천년 고도의 역사적인 사실 때문이다. 경주 월성이 복원된다고 해서 신라 천년 고도가 지금보다 더 빛나는 것은 아닐 것이다. 마치 경복궁의 광화문을 원래 위치로 옮겨지었다고 해서 일제강점기의 역사가 사라지는 것이 아닌 것처럼 말이다.

반월성
안압지 매표소에서 길 건너편을 바라보면 나지막한 산이 보인다. 이것이 경주 월성인 반월성이다. 성 아래 유채꽃이 피어있고, 복원된 해자도 보인다. ⓒ Sean 2009

첨성대의 다른 의미

반월성 북쪽에는 국보 제 31호인 첨성대(瞻星臺)가 있다. 삼국유사의 기록을 보면 신라 선덕여왕 재위(632~637년)에 건립된 것으로 기록되어 있다. 불국사, 석굴암과 더불어 첨성대는 신라의 유구한 문화재로 대한민국 국민이라면 세 살 먹은 어린아이도 알고 있을 것이다. 그러나 첨성대의 용도를 별을 관측하는 천문대로만 알고 있다. 그것은 첨성대를 가리켜 그동안 '현존하는 동양 최대의 천문대'로 추대했기 때문이다. 하지만 이를 고증할 만한 내용을 찾기가 어렵다. 첨성대의 모양, 돌의 개수, 기단의 층수, 정방형의 배치 등으로 학자들이 추측한 것이다. 그렇다고 첨성대의 용도가 천문대가 아니라는 것은 아니다. 그 당시에 별을 관측해야 했던 목적이 중요한 것이다. 용도는 목적에 부합되는 것이다. 우리는 그동안 목적 불문명한 상태에서 용도에만 집중했던 것 같다.

첨성대는 선덕여왕 재위 시 건립되었다. 여자로서 전례가 없던 최초의 왕이다. 삼국사기를 쓴 김부식은 선덕여왕을 다음과 같이 혹평했다.

"신라는 여자를 세워 왕위를 잇게 하였으니, 진실로 어지러운 세상의 일이다. 나라가 망하지 않은 것이 다행이라 하겠다."

그만큼 여자가 왕이 된다는 것은 당시 사회에서는 굉장한 이슈였다. 즉위 전인 631년에는 칠숙과 석품이 반란을 일으켰고, 재위 마지막 해인 647년에는 비담과 염종이 반란을 일으켰다. 이러한 상황에서 왕권강화와 민생안정은 필수불가결한 요소였다. 선덕여왕은 불교를 통해 왕권강화를 추진하였고 민생구휼정책으로 민심의 지지기반을 얻어 당면과제를 풀어 나갔다. 황룡사 9층 목탑, 분황사 등은 불교의 힘으로 왕권강화를 보여준 대표적인 건축물이고, 첨성대는 민심으로부터 지지기반을 얻고자 무지한 농민들이 절기를 놓치지 않고 제 때에 농사를 지을 수 있도록 하자는 의미에서 건립한 것이다. 별자리를 보고 쉽게 이해해야 절기를 알 수 있기 때문이다. 실제로 첨성대는 그림자를 측정하여 계절과 태양의 위치에 상관없이 4계절과 24절기를 정확히 측정할 수 있다고 한다. 예들 들어, 남쪽으로 나있는 창문을 통해 태양이 남중(南中)일 때 첨성대 안 바닥까시 빛이 비추면 춘·추분(春·秋分)을 그렇지 않으면 동·하지(冬·夏至)를 나타낸다. 이처럼 절기의 정확한 측정으로 역법을 바로 잡기 위한 측경(測景)의 목적으로 건립되었다. 또한 상단의 정사각형의 기단의 꼭짓점은 동서남북 4방위를 가리키고 있어 방위의 표준으로 사용되었다고 한다.

첨성대
현재 첨성대는 지반약화로
한쪽으로 조금씩
기울어져가고 있다고 한다.

경주 최부잣집의 노블리스 오블리주

경주 월성지구 서쪽에는 교동이 자리하고 있다. 이곳은 경주의 전통주인 교동법주와 최부잣집으로 많이 알려져 있고 인근에 경주향교와 계림이 있다. 계림(鷄林)은 경주 김씨의 시조인 김알지가 알에서 태어난 곳으로 시림(始林)이라고도 부르며, 경주의 옛 이름이기도 하며, 신라와 한국을 부르는 다른 이름이기도 하다. 삼국사기에는 계림을 다음과 같이 설명하고 있다.

"65년 봄 3월에 탈해 이사금이 밤에 금성 서쪽의 시림(始林)의 숲에서 닭 우는 소리를 들었다. 날이 새기를 기다려 호공을 보내 살펴보게 하였다."

첨성대 앞으로 나있는 길을 따라 다시 반월성 쪽으로 오다보면 우측으로 계림을 만나고 이 숲길을 지나면 경주향교가 나온다. 경주향교 앞에 요석궁이라는 음식점이 나오는데 경주 최부잣집에서 운영하는 음식점이다. 요석궁이라는 이름은 신라 29대 무열왕의 딸 요석공주가 살았던 궁을 의미한다. 현재 그 터에 지어진 200년 된 가옥을 음식점으로 사용하고 있으며, 요석궁터 전체가 경주 최부자의 집이라고 해도 과언은 아니다. 실제 최부잣집은 2천여 평의 부지에 99칸의 대저택이었으며 1만여 평의 후원을 가지고 있었다고 한다. 지금은 대부분 화재로 소실되고 교동법주 옆에 170여년 된 작은 고택만 남아있다.

경주 최부자 또는 최진사로 열려진 인물은 한사람이 아니다. 400년 동안 9대에 걸쳐 진사와 12대에 걸쳐 만석군을 배출한 집안이다. 부자라 해서 다 같은 부자는 아니다. 최부자 집안은 엄격한 철학과 규율 속에서 노블리스 오블리주를 몸소 실천한 집안이다. 이는 파시조(派始祖) 최진립부터 마지막 만석군인 최준(1884~1970)에 이르기 까지 400년 동안 대대로 내려온 육훈육연(六訓六然)에서 엿볼 수 있다. 최준은 백산 안희제와 함께 백산상회를 설립하여 일제강점기에 독립자금을 제공하였고, 후에 체포되어 재산을 압류당하고 모진 고문을 받았다고 한다. 해방 후, 전 재산은 최준의 뜻에 따라 대구대학교(영남대학교 전신) 재단에 기부하였다고 한다.

경주 최씨고택

아이에게 알려주고 싶은 한마디

최씨 고택을 아이와 함께 방문한다면 적지 않은 낭패를 겪을 수 있다. 아이의 순진하면서도 당찬 질문이 이어질 것이 뻔하기 때문이다.

"아빠, 우리 집에는 가훈이 없어요?"

"아빠는 엄마랑 맨 날 왜 돈 돈 돈 해요?"

"아빠는 남을 도와 준적이 있어요?"

필자 역시 이곳에서 그러한 질문을 하는 아이와 아무런 대답을 하지 못하는 부모를 보았다. 그래서 집에 가면 당장 가훈부터 만들어야겠다는 생각을 했지만, 아이가 아직 어리기 때문에 조금 더 자라면 아이와 엄마의 의견을 반영해 만들 계획이다. 꼭 최부자처럼 살지는 않아도 아이들의 교육차원에서 이곳에 함께 왔다면 아이에게 부끄럽지 않은 부모의 모습을 보여주어야 할 것이다. 아이의 교양교육은 그 나라의 역사와 문화가 대변해 주고, 아이의 정신교육과 행동교육은 그 부모를 따라 배우는 경우가 많다. 그래서 아이는 부모의 거울이라 하는 것이다. 9대를 이어 노블리스 오블리주를 실천했다면 분명 그 부모의 영향이 컸다는 것을 의심할 여지가 없다.

스마트폰으로 경주 찾아가기 >>

경주 QR코드

충청북도 충주시 가금면 탑평리

중앙탑공원 | 중앙탑 | 충주박물관 | 술박물관 | 탄금대

ChungJu-Si

한반도의 중심
충주 중원 탑평리 칠층석탑

한반도의 중심에 서다

남북한의 영토를 위도와 경도를 기준으로 동서남북의 끝을 찾는 다면, 최남단은 제주도 마라도이고, 최북단은 함경북도 유포진이다. 최동단은 독도이고, 최서단은 평안북도 마안도이다.

그렇다면 영토의 정중앙은 어디인지 궁금해 질 것이다. 이에 대한 의견은 대한민국을 중심으로 할 것인지, 남북한을 모두 포함할 것인지, 한반도를 기준으로 할 것인지에 때라 의견이 분분하다. 남북한 영토를 기준으로 한다면 각각의 최극단을 꼭짓점으로 하는 사각형을 그리고 대각선이 교차하는 지점이 영토의 정중앙이 될 것이다. 지도상에 직접 그려보면 그곳은 금강산이 된다. 그러나 한반도를 기준으로 천 년 전인 남북국시대(698~935년, 통일신라시대라고도 한다)에 신라는 이미 반도의 중앙을 설정해 놓았다. 그곳은 신라의 행정구역인 9주5소경 중 소경(小京)인 중원경(中原京)이다. 중원경은 지금의 충주에 해당한다.

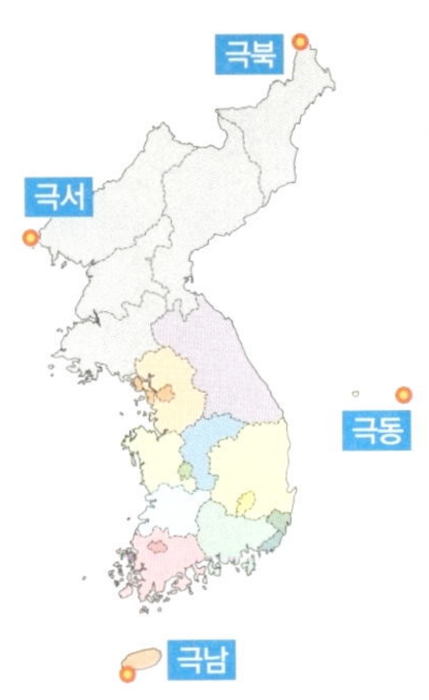

극북 - 함북 온성군 유포진
　　　　북위 43.00.39
극동 - 경북 울릉군 울릉읍
　　　　독도리(도동) 동경 131.52
극서 - 평북 용천군 신도면 마안도
　　　　동경 124.11
극남 - 제주 남제주군 대정읍
　　　　마라도 북위 33.06.40

9주5소경

충주시 가금면 탑평리 남한강변에는 신라시대에 건립된 탑이 하나 세워져 있는데, 이 탑이 반도의 중심을 알려주는 중원 탑평리 칠층석탑이다. 일명 중앙탑으로 불린다. 이 탑이 충주에 건립된 배경은 당시 그 위치가 신라 영토의 중심이어서 삼국을 통일한 신라의 위엄을 알리기에 적당했고, 당시 중원경은 신라의 수도인 경주 다음의 소경이기도 했기 때문이다.

중원 탑평리 칠층석탑은 국보 6호이다. 이렇게 귀중한 문화재가 천년 이상을 남한강변에서 온갖 시련을 견뎌오며 꿋꿋하게 그 자리를 지켜왔는데, 언제부터 본래의 이름인 '중원 탑평리 칠층석탑'에서 '중앙탑'으로 바뀌었는지 정확히 알 수 없다고 한다. 다만 조선시대부터 구비로 전해오던 것을 일제강점기에 탑을 보수하면서 작성한 문서에 '중앙탑'이라 표기한 후, 거의 공식적인 이름이 되었다고 한다. 그래서인지 이 탑이 세워져 있는 공원 이름도 '중앙탑공원'이 되어버렸다.

중원 탑평리 칠층석탑이 위치한 중원은 나라의 중심을 의미하는 국원(國原)으로 탑 이상의 상징적인 의미를 담고 있다. 따라서 '중원 탑평리 칠층석탑'이 아닌 '중앙탑'으로 바뀐 것은 일제의 민족정기 말살정책에 의해 만들어진 것에 지나지 않다. 마치 창경궁이 창경원으로 둔갑한 것과 마찬가지처럼 말이다. 그나마 창경궁은 1983년 그 본 이름을 되찾았다. 지금이라도 중원 탑평리 칠층석탑이 제대로 된 이름으로 불러지기를 소망해 본다.

아이에게 알려주고 싶은 한마디

중원 탑평리 칠층석탑 앞에 서 있으면 한반도의 기운이 모이고, 나로부터 그 기운이 나가는 것 같은 느낌을 받는다. 아마도 한반도의 중심에 서 있기 때문일 것이다. 그 기운을 아이도 느낄 수 있도록 중원의 의미를 아이에게 설명해주자. 이야기는 좀 무겁게 느껴질 수 있을 것이다. 그러나 장소가 특별한 만큼 무엇인가 의미가 되는 것이 한 가지는 있을 것이다.

모든 물체는 중심을 잡으면 똑바로 설 수 있으며, 사회는 구심점이 있어야 모든 구성원들이 행복한 삶을 영유해 나갈 수 있다. 중원 탑평리 칠층석탑은 통일신라가 삼국을 통일한 후, 혼란한 사회를 안정시키고 지방의 세력들을 규합하기 위한 구심이 필요했기에 나라의 중심에 탑을 건립했을 것이다. 당시의 사회의 구심점 역할을 한 것은 이러한 탑이나 종, 사찰 등이었다. 그러나 현대사회는 다르다. 현대사회의 구심점 역할을 하는 것은 사회를 이루고 있는 구성원 개개인이다. 이를 토대로 한반도의 중심에 서서 아이가 사회의 중심으로 자라면서 생활할 수 있는 미래와 그 역할에 대해 이야기를 할 수 있을 것이다. 자신이 중심이 되어 사회의 구심으로 살아갈 수 있는 것이 무엇인지, 아이가 정말 하고 싶은 일이 무엇인지, 부모 중심적으로 아이를 만들어가고 있지는 않은지 등을 아이와 함께 생각해 보면 남다른 의미가 될 것이다.

중앙탑공원의 야외음악당

술에서 배우는 과학

중원 탑평리 칠층석탑이 있는 곳은 충주시민과 이곳을 찾은 관광객을 위해 공원으로 조성되어 있다. 유유히 흐르는 남한강과 인접해 있어서 수상레포츠를 즐길 수 있으며, 야외음악당에서는 상설공연이 진행된다. 드넓게 펼쳐진 잔디밭은 아이들이 마음껏 뛰놀 수 있고 산책을 하면서 설치된 조형물을 감상할 수 있다. 공원 옆으로 나있는 중앙탑로 건너편에는 충주박물관(www.cj100.net/museum)이 있어 중원문화에 대한 이해와 역사를 느낄 수 있다.

중앙탑공원 내에는 술박물관 리쿼리움(www.liquorium.com)이 자리하고 있다. 리쿼리움은 술을 뜻하는 리쿼(liquor)와 전시관을 의미하는 접미사 리움(-rium)의 합성어이다. 전국에 술을 주제로 한 박물관이 많이 있지만, 대부분 전통주를 다루는 반면 이곳 술 박물관은 세계 술에 대한 역사와 다양한 술의 제조방법에 대해 종합적으로 다루고 있는 세계 최초의 종합 술박물관이라는 점에서 그 의미가 크다고 할 수 있다. 리쿼리움은 양조 증류학을 전공한 이종기 박사가 수집한 유물과 술 관련 자료 5,000여 점이 전시되어 있다. 전시실 구성도 와인관, 오크 통관, 맥주관, 동양주관, 증류주관으로 구성되어 있고, 세계 각국의 음주문화를 엿볼 수 있는 문화관과 탄금호와 중원 탑평리 칠층석탑을 조망하며 음주문화를 체험할 수 있는 체험관이 있다.

오크통으로 만들어진 술박물관

중앙탑공원의 술박물관 리쿼리움 입구

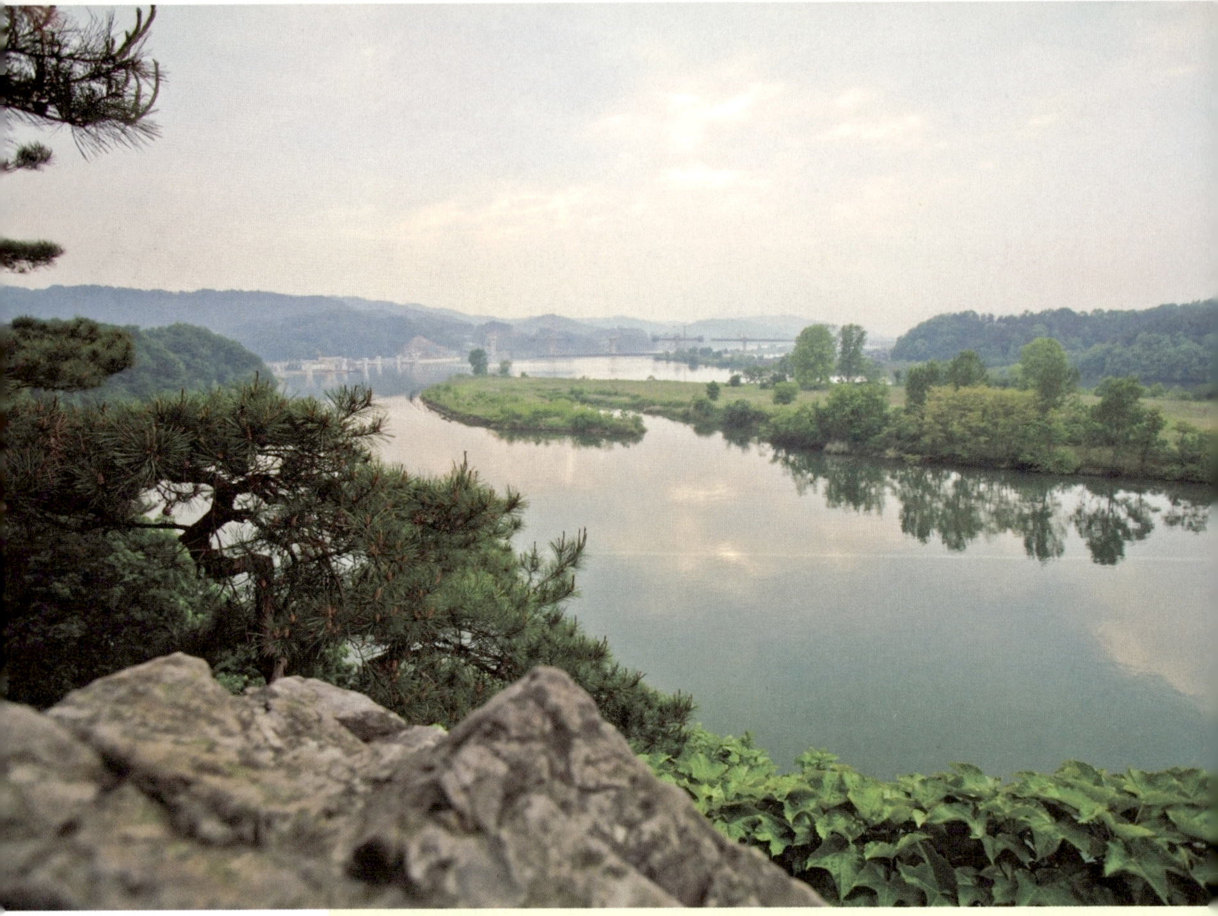

마음으로 듣는 가야금 소리

중앙탑공원 인근 남한강과 그 지류인 달천이 만나는 곳에 탄금대(彈琴臺)가 있다. 탄금대는 대문산이라 불리는 나지막한 야산을 일컫는데, 지금은 탄금대공원으로 지정된 곳 전체를 탄금대로 봐도 무방할 듯싶다. 공원 북쪽인 남한강 쪽은 절벽이다. 그 위에 서서 유유히 굽어 흐르는 남한강을 내려다보면 어디선가 들려오는 가야금 소리에 시 한 수가 저절로 읊어질 듯하다. 공원 남쪽은 낮은 구릉으로 소나무가 울창하게 자라있어 송림 사이로 어린 아이들과 함께 산책하기에도 좋다.

탄금대는 두 가지의 역사적인 내용을 후세에 전해주는 명승지이다. 하나는 탄금대의 명칭에 대한 것이고, 다른 하나는 신립 장군과 열두대라는 곳의 유래이다.

삼국사기를 보면, 탄금대는 신라 진흥왕 때 가야국의 우륵이 가야금을 가지고 신라에 귀화하여 대문산에 터를 잡고 가야금을 연주했다고 해서 붙여진 이름이다. 남한강의 수려한 풍경과 절벽 위에서 들리는 가야금 소리에 사람들이 모여 마을을 이루었는데 지금의 칠금동이 대표적인 마을이다. 지금은 우륵의 가야금 소리를 들을 수 없지만, 차분한 마음으로 탄금대의 송림을 걷다보면 소나무 사이로 불어오는 바람 소리에 우륵의 가야금 소리가 실린 듯 마음으로 들려오는 듯하다.

탄금대는 임진왜란의 격전지였다. 신립이라는 장군이 이곳에서 왜군을 맞서 싸운 곳이다. 남한강과 인접한 북쪽 절벽에는 열두대라는 바위가 있는데, 신립장군이 왜군에 활을 너무 빨리 쏘아 활줄이 뜨거워지자 이를 식히기 위해 그 바위 아래 강물에 열두 번이나 오르내리며 활줄을 식히며 싸웠다는 전설이 있다. 또한 신립장군이 전쟁에 패하자 이곳 열두대에서 투신자살을 했다고 하는데, 그의 묘는 경기도 광주시 곤지암읍에 있다.

경상남도 통영시

해저터널 | 판데목 | 통영운하 | 한산도 | 제승당 | 한산대첩비

조선의 나폴리

통영(統營)

미륵도에서 바라본 통영 앞바다

통영을 동양의 나폴리라 부르는 이유

대한민국에 지명이 두 개로 불리는 곳이 적지 않다. 충무김밥과 통영나전칠기는 각각 다른 고장인 듯 충무와 통영을 지칭하지만, 이 두 곳은 같은 곳이다. 한국 전쟁이후 40년간 지명으로 사용된 충무시는 1995년 통영시로 명칭을 바꾸었다. 1955년 통영읍이 시로 승격하면서 충무공(忠武公) 이순신의 시호를 따서 충무시라 하였으며, 1995년에 삼도수군통제사의 통제영(경상우수영)이 있던 역사적인 의미와 원래의 지명을 되찾고자 충무시를 다시 통영시로 바꾼 것이다. 현재 법령행정명칭은 통영시(統營市)이다.

삼도수군통제사(三道水軍統制使)는 조선시대 한반도의 하삼도(下三道)에 해당하는 충청도, 전라도, 경상도의 수군(水軍)을 지휘하던 관직이다. 하삼도에는 경상좌수영, 경상우수영, 전라좌수영, 전라우수영, 충청수영이라는 해군기지를 두었으며, 이 중 경상우수영이 통제사의 본영(本營)인 통제영으로 지금의 통영시에 해당한다. 초대 통제사는 잘 알고 있는 충무공 이순신이다. 지금의 해군참모총장 격이다.

통영을 동양의 나폴리라고 부른다. 정작 이탈리아의 나폴리와는 항구라는 공통점만 가지고 있을 뿐 나폴리의 분위기와 풍경을 느끼기에 어색하다. 외적으로 나폴리와 비슷하게 보이려고 통영시에서는 바다를 바라보고 있는 봉평동과 도남동의 지붕을 주황색으로 칠했다는 이야기가 있을 정도다. 그러나 박경리의 소설 '김약국의 딸들'에서는 통영을 다음과 같이 묘사하고 있다.

통영은 다도해 부근에 있는 조촐한 어항이다. 부산과 여수 사이를 내왕하는 항로의 중간 지점으로서 그 고장의 젊은이들은 조선의 나폴리라 한다. 그러니 만큼 바닷빛은 맑고 푸르다. 남해안 일대에 있어서 남해도와 쌍벽인 큰 섬인 거제도가 앞을 가로막고 있기 때문에 현해탄의 거센 파도가 우회하므로 항만이 잔잔하고 사시사철 온난하여 매우 살기 좋은 곳이다.

이 소설이 1962년도에 발표되었으니, 당시 통영의 모습은 한적하며, 살

"

통영의 대표적인 항구 강구안
통영여행은 이 강구안에서 시작한다.

미륵도에 위치한 요트 정박장

기 좋고, 바닷물이 맑은 작은 항구도시였을 것이다. 이런 도시의 미적 아름다움에 한 수 더 두자면 지금은 역사, 예술, 문화적인 아름다움을 함께 담고 있다. 역사적으로 통영은 그 이름에서 이순신과 삼도수군의 통제영이 있던 곳으로 충렬사, 세병관, 한산도, 한산대첩비, 제승당 등 이순신장군의 유적이 많고, 예술적으로는 세계적인 음악가인 윤이상과 한국전통공예인 나전칠기의 본 고장이다. 문화적으로는 한국근현대소설의 대가인 박경리 등 수많은 문학가의 고향이기도 하기 때문이다.

통영운하와 해저터널

통영여행의 시발점은 강구안이라는 항구이다. 중앙시장, 동피랑, 남망산조망공원, 세병관, 충렬사 등이 인근에 있다. 강구안에서 통영항 방향으로 나 있는 해안도로를 따라 가다보면 통영항을 지나 이웃하는 섬인 미륵도(彌勒島)와 연결되는 충무교가 보인다. 이곳이 판데목(통영운하)이다. 목은 육지와 섬 사이의 좁은 해협을 말한다. 판데목은 밀물이 들면 바다가 되고 썰물에는 사람이 건너다닐 수 있었다고 한다. 조선 통제영 시대에는 이 목을 틔워 작은 배가 지나다니게 했고, 이 목을 막아 육지로 잇기도 했다. 그러나 풍수학상 판데목은 통영의 목구멍에 해당한다하여 틔우면 길하고 막히면 흉하다하여 208대 통제사인 홍남주가 막혔던 물을 틔우고 다리를 놓았다. 지금은 통영대교와 충무교가 통영반도와 미륵도를 연결시켜주고 있다.

통영해저터널

충무교 아래 판데목에서
바라 본 통영운하와 통영대교

충무교 아래 바닷속에는 해저터널이 있다. 해저터널은 일제강점기인 1932년에 완공된 동양최초의 해저터널이다. 2010년 말 거가대교가 개통되기 전까지는 국내 유일의 해저터널이었다. 통영해저터널건설에는 당시 일제가 조선에 가지고 있는 전쟁피해의식을 단적으로 보여주는 재미있는 이야기가 있다.

해저터널은 공사기간이 5년이 넘게 걸린 대공사였다. 터널보다는 다리를 건설하는 것이 더 현명한 방법이었을 것 같으나, 일제는 다리보다 해저터널을 선택했다. 그것은 판데목의 지명에 대한 유래 때문이다. 한산대첩 당시 이순신장군의 수군에 쫓긴 왜군들이 판데목으로 노방지나 뢰로가 막혀 땅을 파헤치고 도밍깄다고 해시 판데목이라 불렀고, 이곳에서 많은 왜군이 죽었다하여 송장목이라고 불렀다. 일제는 자신의 선조가 죽은 곳 위로 조선인들이 지나다닐 수 없다하여 그 아래로 해저터널을 팠다는 것이다.

일제는 해저터널을 건설하고, 판데목을 넓혀 통영운하를 만들었다. 당시 해저터널은 사람과 말, 자동차가 통행할 수 있었다고 한다. 1967년에 통영운하에 충무교(판데다리)가 건설되고, 터널 자체가 노후화되어 사람만 통행하게 되었다. 지금은 통영의 관광명소 중 하나로 해저터널에 대한 사람들의 호기심을 풀어주는 곳으로 그 명맥을 유지하고 있다.

충무김밥과 국풍81

통영에 오면 최소 두 가지를 하고 가야 한다. 하나는 먹거리인 원조 충무김밥을 맛봐야하고, 다른 하나는 보고배울거리인 이순신장군의 유적지를 들려야 한다.

충무김밥은 일반적인 김밥과 달리 속이 들어있지 않고, 맨밥만 한입에 먹기 좋게 김으로 만 것을 말한다. 맨밥과 조미되지 않은 김에서 맛이 나올 리 없다. 그래서 깍두기와 오징어무침과 같은 반찬이 별도로 나온다. 이렇게 김밥과 속을 분리한 것은 김밥의 속이 상온에서 쉽게 상하기 때문이라고 한다. 멀리 고기잡이 나가는 어부들에게는 끼니를 해결할 수 있는 안성맞춤 도시락인 셈이다. 이것이 관광객들 대상으로 주전부리 형태로 판매되고, 1981년에 서울 여의도광장에서 거행된 '국풍81'이라는 행사에서 어두이 할머니가 판 김밥이 매스컴에 주목을 받으면서 유명세를 탔다고 한다. 강구안에 가면 원조를 자칭하는 수많은 충무김밥집들이 장사진을 이룬다.

충무김밥

국풍81은 1981년 서울의 여의도에서 열린 대규모 문화축제이다. 1979년 전두환 신군부가 12.12 군사반란으로 정권을 잡은 후, 제5공화국을 출범했다. 국풍81은 5.18 광주민주화운동과 관련이 깊다. 전두환 정권은 5.18 1주기가 되는 1981년에 광주민주화운동의 열기를 잠재울 목적으로 국풍81이라는 대규모 문화행사를 기획했다. 지금도 정치적인 이슈가 생기면 맞불을 놓아 그 이슈를 잠재우려고 하는 것과 유사하다 할 수 있다.

한산도와 한산대첩비

한산도는 통영의 미륵도와 거제도 사이에 있는 섬이다. 임진왜란 당시 전라좌수사였던 이순신이 한산도 앞바다에서 학익진(鶴翼陣) 진법(陣法)으로 왜군을 대파한 한산대첩(1592년, 선조 25년)의 격전지로 한산도에는 한산대첩비와 제승당이 있다. 한산대첩은 진주대첩, 행주대첩과 더불어 임진왜란 3대 대첩 중의 하나이다.

한산대첩은 세계 4대 해전 중 하나로 평가된다. 그것은 육지에서 사용하던 학익진 진법을 해상에서 사용하여 승리했다는 것에 주목할 필요가 있다. 학익진은 학이 날개를 핀 것과 같다는 모양새에서 그 이름이 붙여진 것으로, 아군이 일렬횡대의 일자 모양으로 적을 기다리다 적이 공격해오면 중앙은 뒤로 빠지면서 좌우는 앞으로 돌진하여 학의 날개 모양을 만들어 적을 포위하는 공격방식이다. 이 진법은 한산대첩에서 이순신이 해상전에서 처음 사용했었다고 할 만큼 이전에는 육지에서 기동력이 뛰어난 기병들이 사용하던 것이었다.

또 하나 한산대첩에서 주목해야할 것이 있다. 해전에서 왜군을 거의 격파시킴으로써 육지에서 고전을 면치 못하던 조선군의 사기를 북돋워주었을 뿐만 아니라, 해상으로 침투하는 왜군의 수륙병진작전에 제동을 걸어 남해의 제해권을 왜군이 넘보지 못하도록 확실히 장악했다는 것이다.

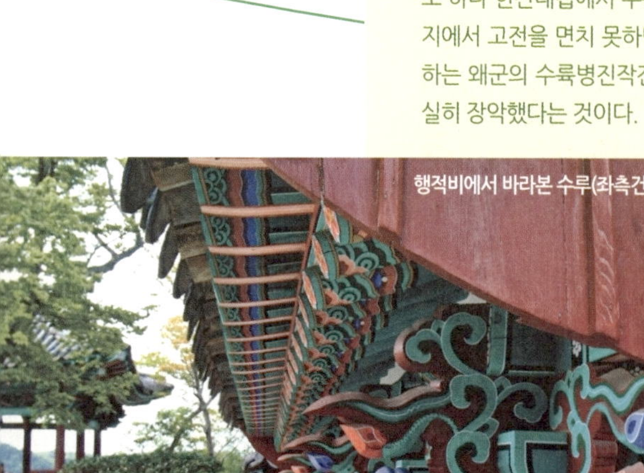

행적비에서 바라본 수루(좌측건물)

수루에서 바라본 한산도 앞바다

충무공의 영정을
모셔놓은 충무사

한산도를 가려면 통영여객터미널에서 배를 타고 한산도 제승당선착장
에서 내리면 된다. 제승당은 이순신이 한산도에 진을 치고 이곳에서 참
모들과 작전계획을 했던 사령부이다. 또한 우리가 익히 알고 있는 진중
시인 한산도야가의 배경이 되는 곳이다. 시에 나오는 수루가 제승당 내
의 건물이다.

한산섬 달 밝은 밤에	閑山島月明夜
수루에 혼자 앉아	上戍樓撫大刀
큰 칼 옆에 차고 깊은 시름하는 적에	深愁時何處
어디서 일성호가는 남의 애를 끊나니	一聲羌笛更添愁

한산대첩기념비

제승당 수루에서 한산도 앞바다를 바라보면 정면에 보이는 산봉우리 위에 탑이 하나 세워진 것이 보인다. 한산대첩을 기념하는 의미에서 1979년에 건립한 한산대첩기념비이다. 지척에 보이는 곳이지만 필자가 갔던 2006년 당시에는 제승당에서 바로 가는 길이 나있지 않아 반대쪽으로 한참을 돌아서 갔던 것으로 기억한다. 길을 돌아가야 한다는 부담 때문에 제승당만 보고 통영으로 가는 배에 오르는 경우가 많다. 수루에서 바라 본 한산대첩기념비는 젓가락처럼 작아 보이지만, 막상 그 앞에 서면 화강석으로 된 거북선과 그 위에 세워진 높이 20m 비의 규모에 놀랄 것이다. 이왕 한산도에 올랐다면 한산대첩기념비를 보고 가야한다. 참고로 한산도는 차를 가지고 배를 탈 수 있고, 섬 내에는 공영버스가 다니니 걸어서 갈 필요는 없다.

아이에게 알려주고 싶은 한마디

어릴 적 읽었던 위인전에서 한국 위인으로 기억에 남는 인물을 꼽으라면 아마도 세종대왕과 이순신장군일 것이다. 더구나 이순신장군은 호국충절의 대명사 격으로 우리가 본받아야 할 것들이 많았던 인물이다. 지금까지 대한민국을 사랑하는 소시민으로 작은 소신이나마 잃지 않고 살아가고 있는 것은 이 때문이 아닌가 생각한다. 그러나 전후세대가 한국전쟁을 이해하지 못하듯이 우리의 아이들은 이순신장군을 통해 대한민국을 사랑하는 방법을 배우지 못할 지도 모른다는 생각이 들었다. 글을 읽고 뜻을 알기 시작하는 유아 때부터 이러한 위인전보다는 영어책을 더 가까이 하고 있으며, 역사적인 장소에서 몸소 보고 느끼기 보다는 인터넷검색을 통해 짧은 내용을 얻는 것이 전부이기 때문이다. 이런 시대적인 상황에서 부모들은 진정 아이들을 위한 교육이 무엇이고, 부모가 어떻게 해야 아이들을 위한 것인지를 잘 생각해야 할 것이다. 그것은 그리 어려운 일이 아니다. 내가 그동안 살아왔던 것만큼이라도 아이들에게 알려준다면 최소한 유지는 할 수 있지 않을까 생각해본다.

스마트폰으로 통영 찾아가기 >>

통영 QR코드

20번째 여행지

경상남도 거제시

거제도 | 구조라 | 해금강 | 외도

남해 여행 일번지

해금강(海金剛)

해금강

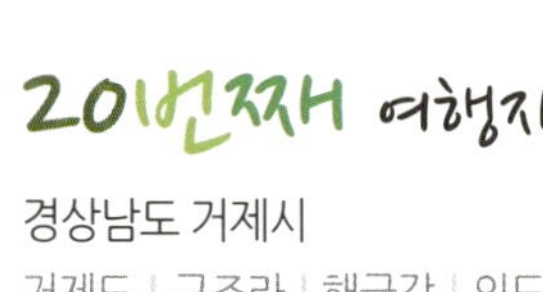

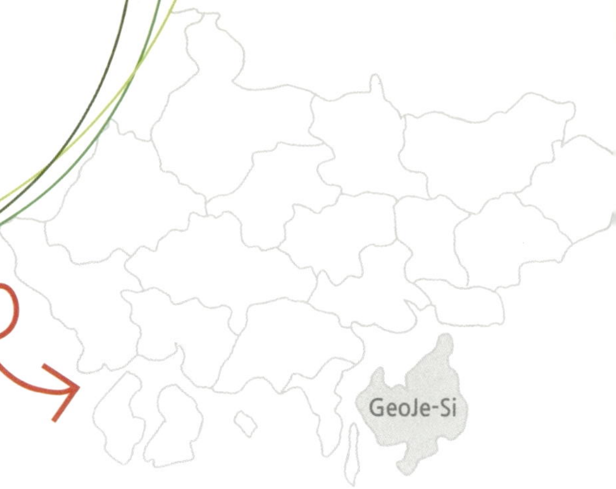

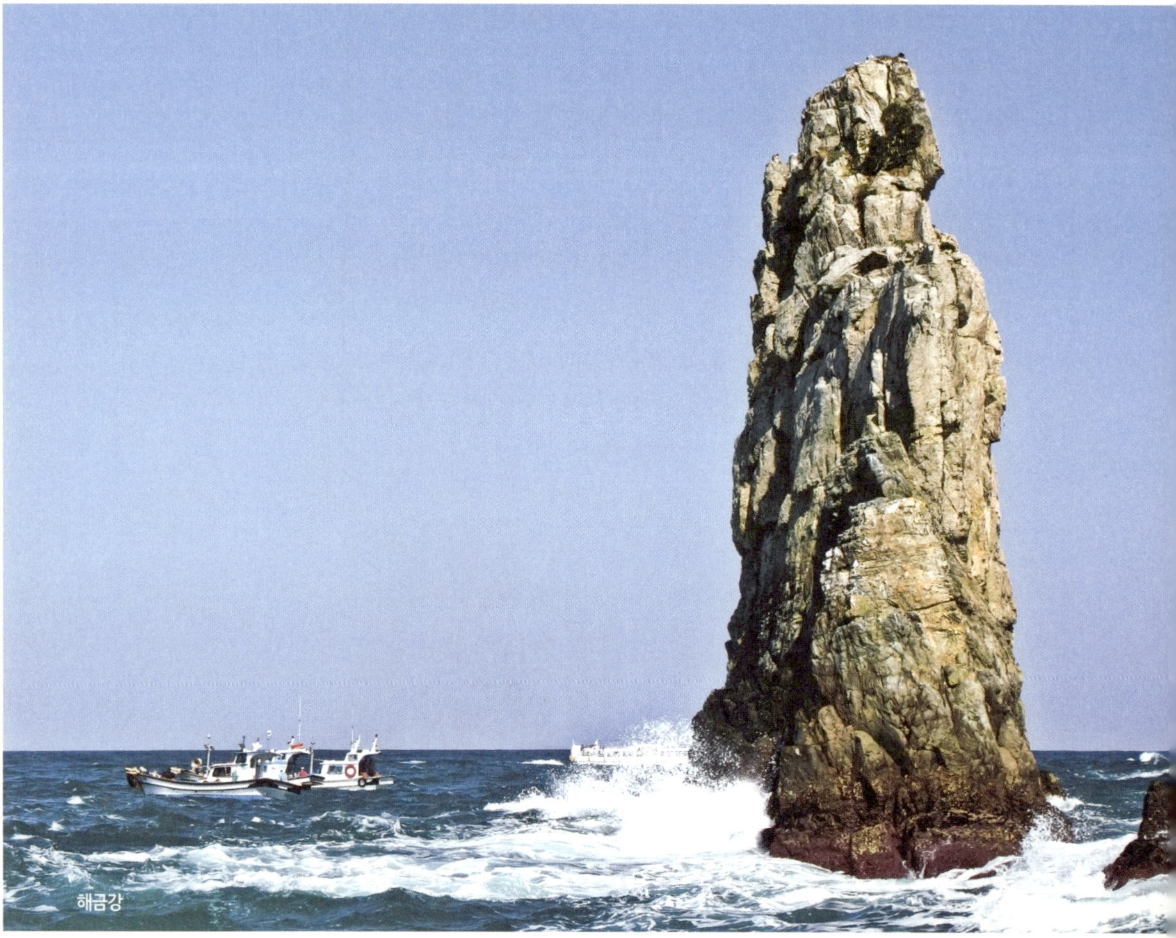

남해 여행의 일번지 해금강

'금강산도 식후경'이라는 말이 있다. 제 아무리 멋진 볼거리라도 일단 밥부터 먹고 구경하자는 말이다. 그러나 사진을 찍으며 여행을 다니는 필자는 늘 제 때 밥을 먹어본 적이 없다. 아마도 시간과 날씨 때문이지 않나 생각한다. 사진은 찍어야할 시간을 놓치면 짧게는 하루를 더 기다려야 하고, 길게는 1년을 기다려야 하기 때문이다. 대표적인 여행이 섬이다. 섬은 날씨가 조금만 좋지 않아도 배가 출항을 할 수 없다. 경남 해금강과 외도를 찾아갈 때 이틀이나 기다려 겨우 배를 탈 수 있었던 것은 전적으로 날씨 때문이었다. 물론 배 시간을 맞추느라 밥도 먹지 못했다.

여행과 조금 다른 의미의 답사가 있다. 필자에게 답사가 곧 여행이고, 여행이 곧 답사이기 때문에 답사와 여행을 구별하지는 않는다. 남도 답사 일번지로 해남을 꼽는데, 남도는 국토의 최남단이 있는 전라남도를 가리킨다. 아마도 유홍준의 '나의 문화유산답사기'의 제1장 제1절의 여정을 해남으로 시작하며 답사 일번지라 했기 때문이 아닌가 생각한다. 만일 남도가 아닌 남해에서 여행 일번지를 꼽는다면 단연 해금강일 것이다.

해금강을 가려면 거제도에서 배를 타야한다. 거제도 남동쪽에 불쑥 튀어나온 갈곶이라는 곳이 있는데, 그 끝자락에서 떨어져 나온 바위섬이 있다. 이 바위를 돌섬이라 부르는데, 그 주변을 포함하여 해금강이라 한다. 그만큼 바위섬의 절경이 가히 금강산의 해금강을 방불케 한다. 해금강의 중심이 되는 돌섬은 멀리서 보면 하나의 거대한 바위처럼 보이지만, 가까이 가보면 바위섬 안쪽으로 물길이 보이는데 배가 드나들 수 있을 만큼 크다. 이 물길은 동서남북 네 방향으로 갈라져 있다고 하여 십자형 벽간수로(壁間水路) 또는 십자동굴이라 한다.

해금강 북쪽에는 섬을 수호하듯 거대한 사자바위가 따로 떨어져 바다 위에 서 있고, 남쪽에는 가느다란 촛대바위가 위태롭게 서 있다. 십자동굴 아래쪽에 약수동굴이 있는데 그 앞에 선녀가 두 손을 가슴에 모으고 하늘을 향해 기도를 드리는 듯한 형상을 한 선녀바위가 있다. 이 외에도 모아이상처럼 우뚝 서있는 미륵바위와 신랑신부바위, 해골바위, 돛대바위 등이 제각각 모양새를 뽐낸다. 하지만 이름을 가지고 있는 바위들은 보는 각도에 따라 달라 보이기 때문에 유람선 안내방송에서 해당 바위를 설명할 때 봐야 그럴싸하게 보인다.

해금강에는 중국 진시황이 불로초를 구하러 방사(方士)인 서불이라는 사람을 보냈다는 설화가 전해진다. 불로초는 영지버섯을 의미하며, 그 차 이름을 서불과차(徐市過次)자라 한다.

사자가 입을 벌리고 있는 듯한
모습을 한 사자바위

자연이 만든 해금강과 인간이 만든 외도

해금강이 속해 있는 한려해상국립공원은 1968년 국내 최초의 해상국립공원이다. 그 영역은 6개의 지구로 거제, 통영, 사천, 하동, 남해, 여수 오동도로 나누어진다. 해안과 바다에 자리 잡은 국립공원으로 서해에 태안해안국립공원과 변산반도국립공원이 있고, 남해에 다도해상국립공원과 한려해상국립공원이 있다. 동해에는 국립공원이 없는데 그 이유는 서해와 남해가 리아스식 해안으로 빼어난 절경을 가지고 있기 때문이다.

한반도는 삼면이 바다이고 서해와 남해는 조수간만의 차가 있어 리아스식 해안(rias coast)이 발달할 수밖에 없는 자연적인 조건을 갖추고 있다. 흔히 리아스식 해안과 북유럽의 피오르드(fjord) 해안을 혼동하는 경우가 있다. 리아스식 해안은 하천에 의해 침식된 육지가 침강하거나 해수면의 상승으로 만들어진 해안이고, 피오르드 해안은 빙하에 의해 침식된 곳이 침강하거나 해수면의 상승으로 만들어진 것이다.

외도

한려해상국립공원에서 해금강이 가장 으뜸이다. 해금강은 수천만년동 안 파도의 침식작용에 의해 만들어진 자연의 산물이다. 그러나 거제도에 서 4km 떨어진 외도는 같은 한려해상국립공원 내에 속해 있지만 1969년 부터 개인이 가꾸어 온 해상농원으로 해금강과 그 성격이 다르다.

인간이 만든 섬, 외도

외도는 거제도 해금강 남동쪽에 위치한 작은 섬이다. 선착장 방면에서 보면 하나의 섬처럼 보이지만 반대쪽에 아직 개발되지 않은 작은 섬이 하나 더 있다. 외도를 가려면 거제도의 장승포, 와현, 구조라, 학동, 도장 포, 해금강에서 유람선을 타고 가야 한다. 외도는 거리상으로는 구조라

가 가장 가깝지만, 대부분의 유람선들이 해금강 선상관광을 패키지로
함께 묶어 놓았기 때문에 큰 의미는 없다.

외도 여행은 좀처럼 쉽지가 않다. 날씨가 좋지 않으면 배가 출항을 하
지 못한다. 또한 외도에는 하루에 입장할 수 있는 인원이 정해져 있기
때문에 공휴일이나 성수기에는 배를 타기가 하늘에 별 따기보다 어렵
고, 평일과 비수기에는 사람이 없어 배의 정원이 차지 않으면 출항하지
않는다. 여기에 외도에 올라 머물 수 있는 시간이 1시간 30분으로 제한
되어 있어 제대로 둘러볼 여유조차 없고, 국립공원 입장료가 폐지되긴
했지만 유람선 요금과 외도 입장료가 지나치게 비싼 것도 문제다.

머나먼 남해까지 시간과 비용을 들여 내려갔는데, 외도에 1시간 30분가량 머물 수밖에
없다면 좀 아깝다는 생각이 들것이다. 이 시간 동안 할 수 있는 거라곤 사진 몇 장 찍고
정해진 코스에 따라 외도에 가꾸어 놓은 정원을 보고 나오는 것이 전부이다. 여유롭게 관
람할 시간은 없다. 그럼에도 불구하고 이곳을 우리 아이들에게 소개해 주고 싶은 것은 다
른 이유가 있기 때문이다.

리스하우스
이곳은 겨울연가의 마지막
촬영장으로 알려진 곳이다.

외도는 바위로 된 섬이다. 광복 직후 여덟 가구 정도가 살았다고 한다. 전기와 통신시설이 없었고 배조차 정박하기 힘든 절벽으로 되어 있어 외부의 접근조차 힘든 버려진 섬이었다. 이 섬을 한 개인이 바다낚시 차 왔다가 하루를 묵으면서 외도에 매료되어 1973년부터 3년간 섬 전체를 사들였다고 한다. 그 뒤로 섬의 자연환경을 극복하면서 농장을 개간하였고, 여러 번의 실패를 겪으면서 식물원으로 거듭나게 되었다. 20여 년간의 노력 끝에 1995년 외도해상농원으로 개원하게 되어 지금까지 이르게 된 것이다. 외도를 다녀온 사람들은 저마다 한마디씩 한다. 아무리 개인의 의지가 있다하더라도 불모지와 다름없던 섬 전체를 이렇게 아름답게 만들 수 있을까? 그리고 그의 투지와 집념에 대한 칭찬을 아끼지 않는다.

아이에게 알려주고 싶은 한마디

요즘의 아이들에게는 뚜렷한 목표가 없는 듯하다. 이는 예나 지금이나 마찬가지겠지만, 우리 부모들도 그러한 시절을 보냈을 것이다. 설사 삶에 대한 목표가 있더라도 그 목표를 이루고 성취하기 위한 끈기와 투지가 부족하거나, 시간이 지나면서 자의반 타의반 다른 목표로 바뀌게 마련이다. 어쩌면 사회가 그렇게 만들고 있지는 않나 생각한다. 이러한 관점에서 아이들에게 현재의 외도가 어떻게 만들어 졌고, 외도를 만든 사람의 20여 년간의 끊임없는 노력과 투지를 이야기 해주자. 그런면에서 외도는 아이들이 가지고 있는 목표에 대한 의지를 조금이나마 북돋아 줄 수 있는 계기를 마련해 줄 수 있는 여행지가 될 것이다.

에덴 가든 내 명상의 언덕에 있는 작은 교회 지붕

천국의 계단
이곳은 원래 원주민 밭을 일구던 자리라고 한다.

비너스 가든

스마트폰으로 해금강 찾아가기 >>

해금강 QR코드

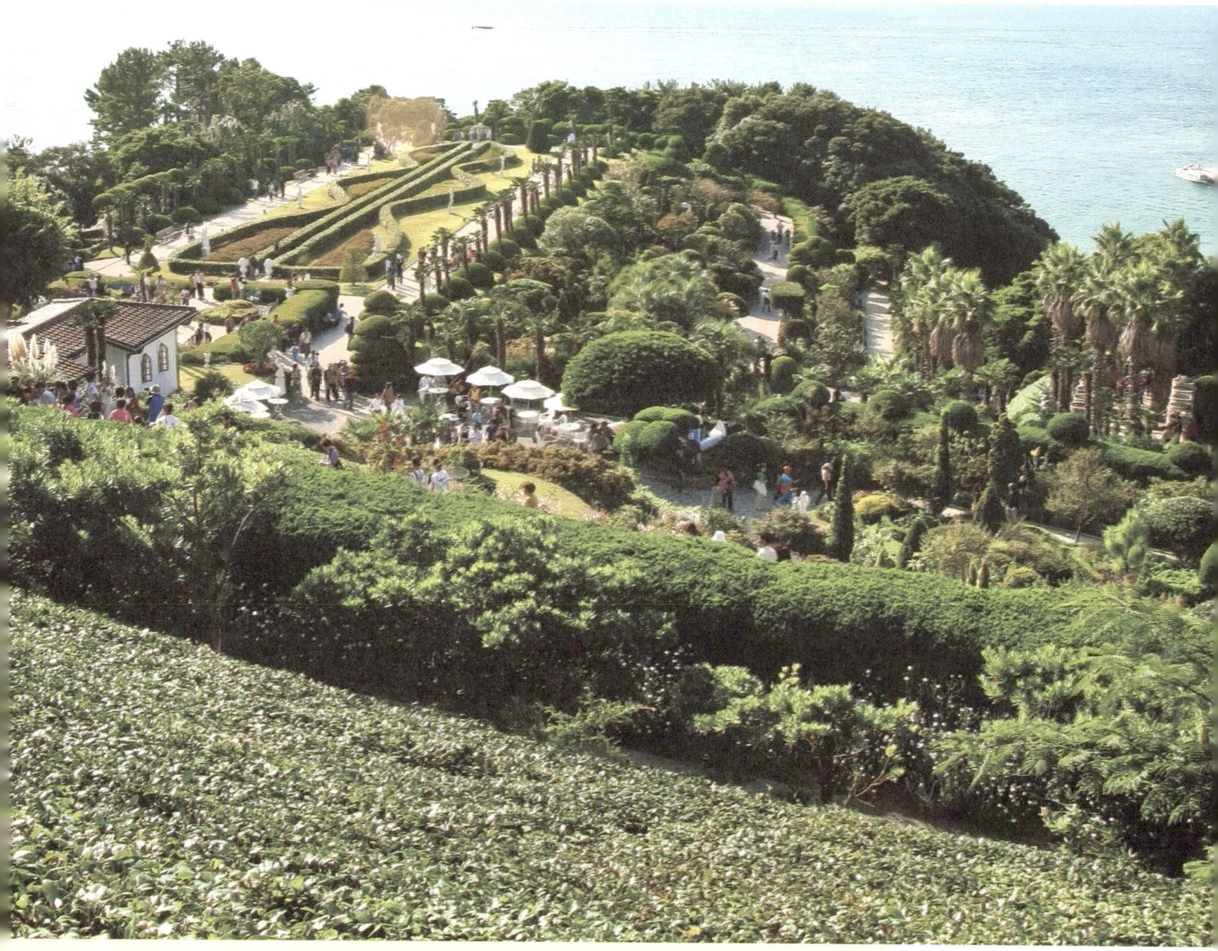

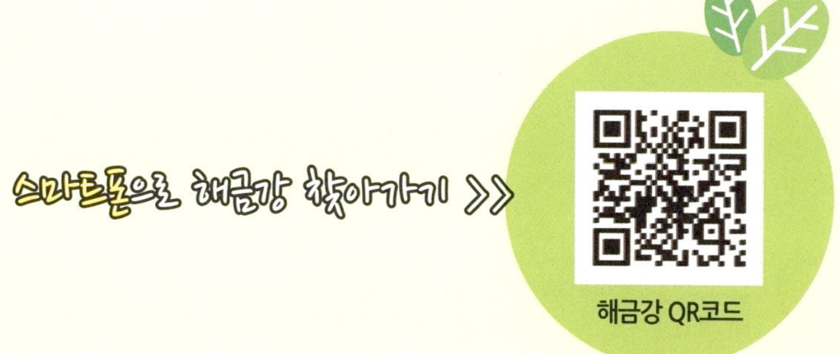

경기도 구리시 인창동

동구릉 | 건원릉, 현릉, 목릉, 숭릉, 휘릉, 혜릉, 원릉, 경릉, 수릉

조선왕릉의 본거지
동구릉(東九陵)

태조 이성계의 건원릉 © Sean 2011

세계문화유산 조선왕릉(朝鮮王陵)

2009년 6월 30일, 유네스코 세계유산위원회(The World Heritage Committee)는 '조선왕릉(Royal Tombs of the Joseon Dynasty)'을 세계문화유산으로 등재했다. 이로서 대한민국은 1995년 12월 지정된 '해인사 장경판전', '종묘', '석굴암과 불국사'를 비롯해 총 8개의 세계문화유산 그리고 1개의 세계자연유산(제주 화산섬과 용암동굴)을 보유하게 되었으며, 최근 등재된 '한국의 역사마을 : 하회와 양동'을 포함하면 총 10곳이 세계유산으로 선정되었다.

조선왕조는 총 27대의 왕과 왕비 그리고 추존왕들이 있고, 그들이 사후 잠들어 있는 무덤을 조선왕릉이라 부른다. 세계 다른 왕조의 무덤과는 달리 조선왕조만의 독특한 문화적 가치가 있으며, 1392년부터 1910년까지 519년 동안 하나의 국가를 통치한 왕조는 세계적으로 매우 이례적인 일이기에 세계문화유산으로 등재되었다.

경기도 여주의 세종대왕릉(영릉) © Sean 2011

조선왕릉은 계층에 따라 능(陵), 원(園), 묘(墓)로 나뉜다. 능은 왕과 왕비의 무덤이고, 원은 왕세자와 왕세자비, 왕의 부모 무덤이다. 묘는 왕자, 공주 등 나머지 왕족의 무덤이다. 남북한을 통틀어 조선왕릉은 42기의 능, 13기의 원, 64기의 묘가 있으나, 현재 온전히 보존된 왕릉은 총 40기, 원은 13기이다. 그중 남쪽에 분포된 40기의 왕릉이 세계문화유산에 등재된 것이다. 나머지 2기는 북한에 있는 능으로 2대 정종(定宗)의 '후릉(厚陵)'과 1대 태조(太祖) 정비 신의왕후(神懿王后)의 '제릉(齊陵)'이다.

조선왕릉의 가치는 외관이 매우 잘 보존되었다는 것뿐만 아니라, 지금껏 이어져 내려오는 유교적 제례의식이 그 가치를 더해주고 있다. 매년 기일마다 '전주이씨 대동종약원(全州李氏 大同宗約院)'을 중심으로 제사를 지내며 제향일에는 산릉제례가 엄숙하게 진행되고 있다. 더불어 역대 모든 왕의 영정을 모셔 놓은 종묘(宗廟)에서는 매년 5월 첫째 일요일에 대규모 종묘제례(宗廟祭禮)를 지내고 있다. 종묘는 사적 제 125호로 세계문화유산에 등재되어 있고, 종묘제례와 종묘제례악은 각각 중요무형문화재 제 56호와 제 1호로 지정되어 있으며, 유네스코 인류무형문화유산(Intangible Cultural Heritage)으로 등재되어 있다.

아이에게 알려주고 싶은 한마디

필자는 어릴 적에 서울 강남의 선릉(宣陵)에 자주 소풍을 가곤 했다. 선릉은 조선 9대 왕인 성종(成宗)과 계비인 정현왕후(貞顯王后)의 능이 있는 곳이다. 왜 소풍을 능으로 갔는지는 잘 모르겠으나, 능은 볼거리, 놀거리가 없는 따분한 곳으로 기억된다. 능 앞에 조성된 넓은 잔대밭에서 번호 순으로 장기자랑을 하고, 솔숲에서 보물찾기를 하던 기억이 아련하다. 아이들에게는 다행인지 모르겠으나, 요즘 학교에서는 능으로 소풍을 가지는 않는다. 이제 능으로 떠나는 소풍은 부모가 대신 해주어야 한다.

태조 어전(보물931호 복사본)
ⓒ Sean 2011

조선왕릉의 본거지, 동구릉(東九陵)

경기도 구리시 인창동에 있는 동구릉은 사적 제 193호로, 조선왕릉 중 가장 규모가 크다. 동구릉은 도성(경복궁)의 동쪽에 있는 9개의 능이란 뜻으로, 태조의 건원릉(健元陵)이 조성된 이후 능이 생길 때마다 동오릉, 동칠릉으로 불리다 1855년(철종 6년)에 수릉(綏陵, 추존 문조의 능)이 옮겨진 이후, 동구릉으로 계속 불리게 되었다고 한다. 태조를 비롯해 총 18명의 왕과 왕비가 잠들어 있다.

태조 이성계(李成桂)가 잠들다

건원릉은 조선을 건국한 태조 이성계(1335~1408년, 재위 1392~1398년)가 잠든 곳이다. 조선시대 조성된 첫 왕릉은 아니지만 첫 왕의 능이기에 그 역사적 가치가 크다. 첫 능은 태조의 정비인 신의왕후의 제릉으로 북한에 있으며, 두 번째 능은 계비 신덕왕후(神德王后)의 정릉(貞陵)이다.

태조는 1408년 5월 24일(태종8년) 창덕궁(昌德宮)에서 승하하여 선릉 조성 후, 그해 9월 현재의 장소에 묻히게 되었다. 본래 태조는 두 번째 부인인 신덕왕후와 함께 묻히고자 그녀의 무덤인 정릉에 미리 자리를

마련해 두었었다. 하지만 당시 왕인 태종(太宗, 태조와 신의왕후의 5
남)은 이 뜻을 거슬렀다. 태종이 왕이 오르기 전 태종은 5남으로서 태조
에게 인정을 받지 못하여 2남인 정종이 왕위를 물려받았었으며, 그의
어머니 신의왕후가 일찍 죽었기에 신덕왕후가 대신해서 그 자리를 차
지하고 자신의 소생으로 세자를 책봉하는 문제도 있었다. 이후 왕자의
난으로 신덕왕후의 두 왕자를 모두 제거하는 극단책을 보이기도 하였
기에 태종과 신덕왕후의 관계는 끝까지 좋지 않았다. 그리하여 태조의
무덤은 궁에서 동쪽으로 멀리 떨어진 이곳에 위치하게 되었다고 한다.

동구릉의 아홉 능을 다 둘러보기란 쉽지 않지만, 이곳을 방문한 사람들은
조선의 시조(始祖)인 태조의 건원릉은 반드시 들른다고 한다. 아마도 조
선을 건국한 인물이기에 그 역사적 가치가 크기 때문이 아닌가 생각한다.

능에서는 지켜야할 것이 있다. 그것은 경건한 마음으로 관람하는 것과 홍살문(紅—門)에
서 정자각(丁字閣)으로 나있는 두 개의 길 중에 신도(神道)로는 걸어 다니지 않는 것이
다. 그러나 동구릉은 워낙 규모가 크다보니 소풍이나 야유회로 단체 관람객이 많아 소란
스러운 광경을 종종 보게 된다. 주변에 경건을 요하는 안내판도 있지만, 유명무실하다.

건원릉의 가장 특이한 점은 봉분(封墳)에 푸른 잔디가 아닌 억새풀이
자라는 점이다. 이는 태조의 유언에 따라 그의 고향인 함흥에서 억새풀
을 가져와 사초로 썼기 때문이다. 봄, 여름에는 제초를 하지 않아 능이
지저분하게 보이지만, 가을에는 푸른 하늘과 어울려 멋진 억새풀 장관
을 펼친다.

또한 건원릉에서는 태조의 신도비(神道碑)를 볼 수 있다. 조선왕릉 중
신도비가 세워진 곳은 건원릉과 태종의 헌릉(獻陵) 두 곳이다. 세조(世
祖) 때부터는 왕의 공적이 실록(實錄)에 기록되었기 때문에 따로 신도
비가 없다. 그래서 이후의 능에는 일반 비만 세워졌다고 한다.

태조의 신도비 ⓒ Sean 2011

동구릉 둘러보기

동구릉의 아홉 개 왕릉은 조성 시기에 있어서 그 차이가 있고, 순서대로 들어선 것이 아니기 때문에 관람 동선은 역사 순이 아니다. 동구릉 안내도에 나와 있는 동선에 따르면 가장 늦게 조성된 수릉(綏陵)을 가장 먼저 관람하게 되며, 가장 먼저 조성된 건원릉은 세 번째로 관람하게 된다. 마지막 숭릉(崇陵)은 2011년 현재 공개되지 않고 있는데, 동구릉 끝자락의 희귀 철새들과 식물들을 보호하기 위해서이다. 필자의 생각이지만 능의 주변 환경을 보호하기 위해서라도 계속해서 공개하지 않았으면 하는 바람이다.

동구릉 지도 ⓒ Sean 2011

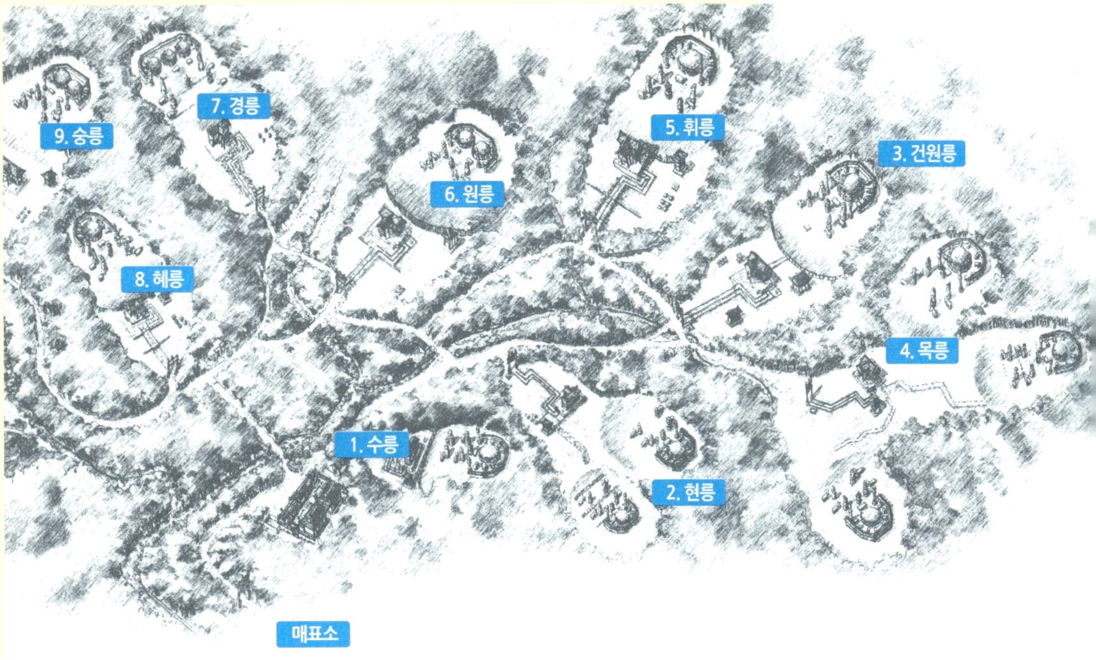

매표소 ➡ 수릉 ➡ 현릉 ➡ 건원릉 ➡ 목릉 ➡ 휘릉 ➡ 원릉 ➡ 경릉 ➡ 혜릉 ➡ 숭릉

관람순서	능호	묘호	조성년도 및 역사	특이점
1	수릉	추존 문조	1855년(철종6) 문조 천장 (본래 용마산 위치)	합장릉
		신정왕후	1890(고종27) 신정왕후 합장	
2	현릉	5대 문종	1452년(단종즉위년) 문종 안장	동원이강릉
		현덕왕후	1513년(중종8) 현덕왕후 천장	
3	건원릉	1대 태조	1408년(태종8) 태조 안장	억새풀의 능침 신도비가 있음
4	목릉	14대 선조	1600년(선조33) 의인왕후 안장	동원이강릉 세 개의 능침
		원비 의인왕후	1630년(인조8) 선조 천장 (본래 건원릉 서쪽에 위치)	
		계비 인목왕후	1632년(인조10) 인목왕후 안장	
5	휘릉	장렬왕후 (16대 인조의 계비)	1688년(숙종14) 장렬왕후 안장	
6	원릉	21대 영조	1776년(정조즉위년) 영조 안장	쌍릉
		계비 장순왕후	1805년(순조5) 정순왕후 안장	
7	경릉	24대 헌종	1843년(헌종9) 효현왕후 안장	삼연릉
		원비 효현왕후	1849년(헌종15) 헌종 안장	
		계비 효정왕후	1904년(광무8) 효정왕후 안장	
8	혜릉	단의왕후 (20대 경종의 원비)	1718년(숙종44) 단의왕후 안장	
9	숭릉	18대 현종	1674년(숙종즉위년) 현종 안장	팔작지붕 정자각
		명성왕후	1684년(숙종10) 명성왕후 안장	

첫 능인 수릉의 주인인 문조(文祖)는 효명세자 시절 22세의 젊은 나이에 요절하여 왕권의 꿈을 펼치지는 못했다. 하지만 그의 부인인 신정왕후(神貞王后)는 의궤(儀軌)에 궁궐의 팔순잔치까지 소개되는 등 83세까지 천수를 누렸다. 신정왕후는 문조가 떠난 후 60년을 홀로 지내다 결국 사후에 이곳에서 영원히 함께 하게 된 것이다.

두 번째 능인 현릉(顯陵)은 동구릉에서 두 번째로 오래된 능으로서 5대 문종(文宗)과 현덕왕후(顯德王后)가 잠들어 있다. 20년간 세자로 세종(世宗)을 보필해오다 왕위에 오른 지 2년 4개월 만에 병사하여 그의 아

들 비운의 단종(端宗)이 왕위를 대신하게 되었다. 현덕왕후는 문종이 죽기 11년 전 아들 단종을 출산하며 승하하여 본래 안산의 소릉(昭陵)에 있다가 1513년 이곳 현릉으로 천장(遷葬)하였다.

현릉에 이어 태조의 건원릉을 둘러본 후 그 사잇길로 들어가면 목릉(穆陵)이 나타난다. 목릉은 14대 선조(宣祖)와 그의 두 아내인 의인왕후(懿仁王后)와 인목왕후(仁穆王后)의 능이다. 선조의 시대는 임진왜란(壬辰倭亂), 여진족의 침입 등으로 국정이 혼란스러웠기에 사회적으로 매우 불안했다. 그래서 선조는 후대에 좋은 평가를 받지 못하는 왕 중 하나이다. 하지만 그 규모는 동구릉에서 가장 크다. 홍살문(紅—門)에 들어서면 정자각(丁字閣)을 중심으로 세 개의 언덕으로 나뉘어져 능이 조성되어 있는 특이한 구조이다. 목릉은 동구릉 중 유일하게 능침(陵寢)이 공개되어 있어 자유롭게 관람이 가능하다.

목릉을 나와 다시 건원릉의 홍살문을 지나 걸으면, 다섯 번째 능인 휘릉(徽陵)이 나온다. 휘릉은 16대 인조(仁祖)의 계비 장렬왕후(莊烈王后)의 단릉이다. 인조는 정비 인열왕후(仁烈王后)와 함께 파주 장릉(長陵)에 안장되어 있다. 장렬왕후는 인조가 1649년 승하 후, 39년간 소생도 없이 홀로지내다 당파싸움에 엮여 많은 어려움을 겪었다고 한다.

영조의 원릉 ⓒ Sean 2011

원릉(元陵)은 조선의 왕 중 가장 장수한 영조(英祖)와 그의 계비 정순왕후(貞純王后)의 능이다. 정순왕후는 15세 때 영조의 부인이 되었는데 이 때 영조의 나이 66세였다. 하지만 영조는 두 왕후로부터 후손을 얻지 못했다. 후궁인 영빈 이씨로부터 사도세자(思悼世子)를 얻었으나, 사도세자는 파벌로 인해 뒤주 속에서 굶어죽는 가슴 아픈 역사로 남았다.

일곱 번째 나타나는 능은 경릉(景陵)으로 24대 헌종(憲宗)과 그의 두 부인 효헌왕후(孝顯王后)와 효정왕후(孝定王后)의 능이다. 헌종은 두 왕후로부터 자녀가 없었기에 그의 자식에게 왕위가 전승되지 못했다. 그러나 헌종은 자녀는 없었어도 두 부인과 함께 이곳에 잠들었기에 외롭지 않았을 것 같다.

 우리 아이에게 꼭! 알려주고 싶은 대한민국

헌종의 경릉 ⓒ Sean 2011

경릉을 지나 오른편 낮은 언덕을 넘으면 작은 규모의 혜릉(惠陵)이 나
타난다. 혜릉은 20대 경종(景宗)의 원비 단의왕후(端懿王后)의 묘이다.
본래 세자빈(世子嬪) 신분으로 어린 나이에 죽었기에 조촐한 구성의
왕릉이다. 경종이 즉위 후 왕후로 추봉되었다.

마지막 숭릉은 홍살문의 입구로 가기 위해서는 혜릉을 돌아 나서야한
다. 18대 현종(顯宗)과 그의 부인 명성왕후(明聖王后)가 안장되어 있
다. 정자각(丁字閣)은 본래 맞배지붕 형식이나 조선왕릉 중 유일하게
팔작(八作)지붕 형태이다. 능역 전체가 야생조수보호구역으로 비공개
지역이라 일반인은 관람이 불가능하다.

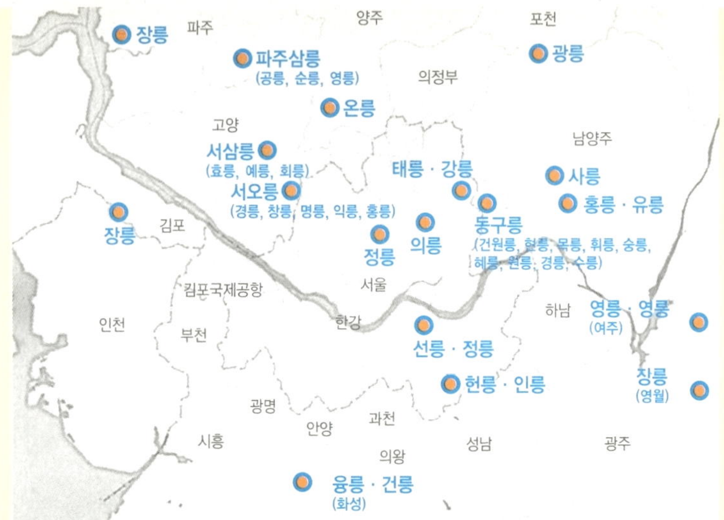

조선왕릉의 분포 © Sean 2011

전국의 조선왕릉에 가보자

조선왕릉은 총 40기지만 동구릉, 서오릉(西五陵), 서삼릉(西三陵)과 같이 여러 능이 한꺼번에 조성되어 있는 곳이 있기에 실질적으로 방문할 곳은 18곳이며 모두 일반관람이 가능한 것은 아니다. 동구릉의 숭릉, 서삼릉의 효릉(孝陵), 파주 장릉(長陵), 강릉(康陵)은 비공개로 되어 있다. 더욱이 능침이 공개된 곳은 극히 제한적이다.

왕이 잠든 곳을 방문하는 뜻 깊은 점도 있지만, 왕릉에 조성된 우리나라 최고의 신록(新綠)을 맞으며 산책도 할 수 있다. 조선왕릉에서 가장 눈에 띄는 것은 푸른 소나무이다. 소나무는 선왕(先王)에 대한 예를 지키며 장수를 상징한다고 하여 후손의 오랜 번영을 위해 왕릉 주변에 많이 심었다고 한다. 소나무와 더불어 지역마다 특색적인 오리나무, 참나무, 향나무들을 만날 수 있다. 그밖에도 다수의 천연기념물인 나무와 새도 만나볼 수 있는 기회도 얻을 수 있다.

동구릉 주변 산책

동구릉 주변에는 '한강시민공원 구리지구', '구리타워', '아차산', '고구려 대장간 마을' 등이 있다. 이런 주변 볼거리 외에 몇 개의 조선왕릉이

인릉의 오리나무숲 ⓒ Sean 2011

태릉 ⓒ Sean 2011

동구릉 근처에 있다. 고종(高宗)과 명성황후(明成皇后)가 잠든 '홍릉(洪陵)' 그리고 조선 마지막 왕조인 순종(純宗)과 순명황후(純明皇后), 순정황후(純貞皇后)가 잠든 '유릉(裕陵)'이 있다. 홍·유릉은 사적 제207호로서 마지막 조선왕릉이자 왕이 아닌 황제의 묘임에 큰 가치가 있다. 동구릉으로부터의 거리는 약 9km정도이다.

더불어 국가대표 선수촌으로 유명한 '태릉(泰陵)'은 동구릉에서 7km 거리에 있다. 태릉은 사적 제201호로서 11대 중종(中宗)의 계비 문정왕후(文定王后)의 묘이다. 태릉은 '조선왕릉 전시관'과 비공개능인 '강릉(康陵)'과 함께 있다. 조선왕릉 전시관은 2009년 12월 조선왕릉의 유네스코 세계유산 등재를 기념하여 개관했으며 40개 모든 능의 역사를 한 눈에 볼 수 있고 조선의 국장(國葬), 왕릉의 관리 등을 배울 수 있는 좋은 기회가 된다.

동구릉 QR코드

QR코드 사용법

책에 수록된 QR코드를 이용하시면 해당 여행지에 대한 다양한 정보를 더 보실 수 있습니다. QR코드를 사용하시려면 스마트 폰에 QR코드 스캐닝 어플이 설치되어 있어야 합니다. 이 어플이 설치되어 있지 않다면 NAVER 어플을 설치하시기 바랍니다.

01

네이버 어플을 실행합니다.
하단 메뉴에서 검색을 터치합니다.

02

검색 화면 상단에 표시된
아이콘 중에 코드를 터치합니다.

03

코드검색이 실행됩니다. 화면 중앙에 QR코드가 보이도록 합니다.
카메라 셔터 음이 들리면서 QR코드가 인식됩니다.

04

그러면 다음과 화면처럼 QR코드에
연결된 정보가 표시됩니다.
연결된 정보는 추가정보에 대한
링크, 사진, 지도가 표시되며,
페이지를 하단으로 내리면 여행지에
대한 댓글을 입력할 수 있습니다.

05

여행지 제목 아래 파란색으로 된
텍스트는 추가정보를 링크해
놓은 것입니다. 텍스트를 터치하면
해당 여행지에 대한 추가정보가
표시됩니다.

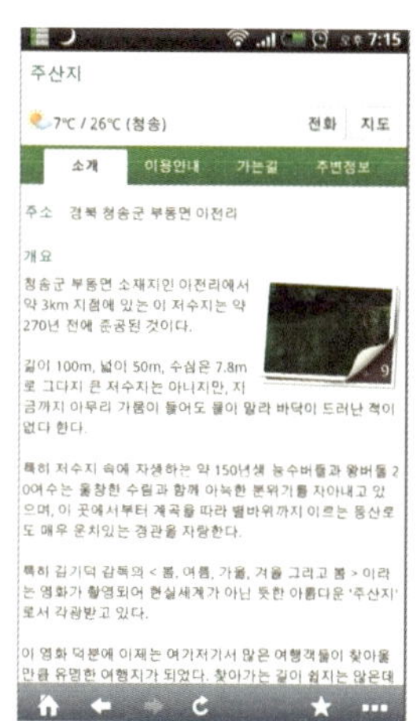

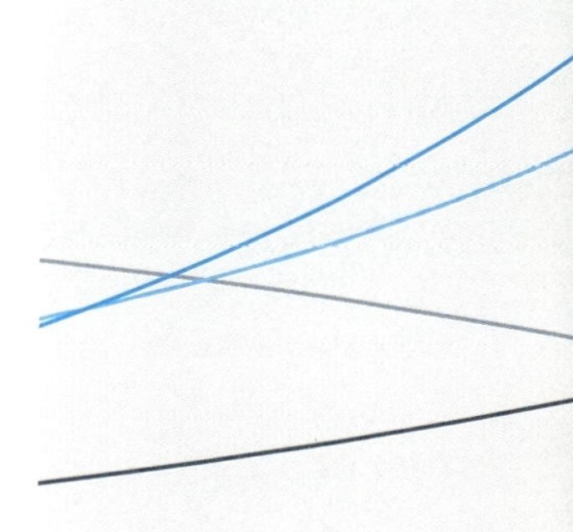

06

사진을 터치하면 큰 이미지로 볼 수 있습니다.

07

지도를 터치하면 여행지 주변을 찾아
볼 수 있습니다.

08

페이지 하단에는 여행지에 대한 소감이나
평가를 댓글로 입력할 수 있습니다.

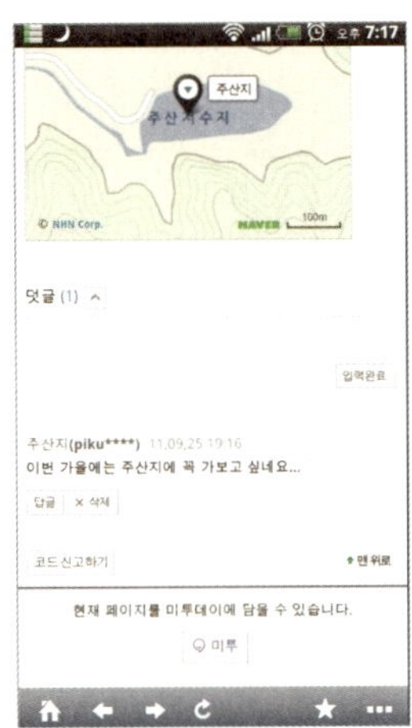